婚禮專案管理
Wedding Stylist

林君孺◎著　　管孟忠博士◎審訂

- 第一本將專案管理方法應用於婚禮的專書
- 第一本提供大專院校相關科系的完整婚顧訓練教材
- 提供婚禮產業相關業者實施婚禮專案的完整參考資訊
- 提供有意成為婚禮專案管理師的考證教材

高　序

　　林君孺君所著之《婚禮專案管理》一書，可說是台灣首部將專案管理應用於婚禮活動的著作，概念新穎，對婚禮相關產業開發了新的視野。觀諸近年來婚禮活動的呈現，除了文化的傳承之外，在內涵上更增加了許多感性與感動，而婚禮的服務更加細緻，並講求為新人及來賓量身訂製，更配合創意活動讓所有參與者留下不可磨滅的印象。

　　林君孺君在開南大學碩士在職專班專案管理組求學有成，將所學應用在婚禮專案管理上，可謂學以致用，本書也將帶給婚禮產業一個全新的思維，也會給讀者一個深刻的啟發，特別是即將結婚的新人，如何規劃適合自己的婚禮活動，在一生中留下永恆的記憶，更要閱讀本書。

開南大學校長

高安邦 謹識

管　序

　　專案管理是管理領域中一個新興的學科，個人於過去十幾年中持續在大專院校推廣專案管理教育訓練，也在企業內進行專案管理培訓，深深體認到專案管理是一門實踐性很強的學科，強調理論與實務必須充分結合的一種管理方法論。但一般市售專案管理學習教材，多著墨於專案管理基礎知識的傳授，較難得見到產業實務與專案管理知識相結合的教材。這本《婚禮專案管理》應該是第一本將婚禮視為專案並結合婚禮活動專業及專案管理知識的應用教材。

　　國際專案管理大師詹姆斯·路易斯博士（James P. Lewis）曾說：「未來工作者需要具備三種能力：專業技術能力、經營管理能力及專案管理能力。」而這也正是開南大學碩士在職專班的教學發展特色，結合產業實務與教學理論同時加上專案管理知識。為了發展專案管理的研究教學特色，開南大學成立了台灣第一所專案管理研究所，並在碩士在職專班成立專案管理組。同時連續獲得教育部三年的「重要特色領域人才培育改進計畫——國際專案管理教學創新與專業證照人才培育改進計畫」，以及國科會三年的「建構企業專案治理與研發創新同步工程多評準決策模式模擬」研發特色領域計畫。建立了專案管理理論研究、專業證照及實務教學的環境及特色。特別是碩士在職專班專案管理組強調實務教學，讓學生將所屬產業的實際問題，透過專案管理方法的學習與應用而得到全面解決方案。

　　過去在專案管理的教學中，我們都會告訴學生專案管理思維及方法可運用於各行各業，也都會舉例告訴學生說婚禮本質上就是一個專案，而婚禮顧問就是婚禮專案的專案經理。但要如何將專案管理方法與產業實務結合呢？如何將專案管理方法完整地應用在婚禮專案呢？婚禮顧問又如何能勝任婚禮專案經理的角色呢？本書就提供了婚禮專案的解決方案。本書作者畢業於開南大學碩士在職專班專案管理組，將其過去二十餘年的婚禮實務經驗，結合專案管理思維與方法，寫出國內第一本有關婚禮專案管理的教材。本書除了可以提供各大專院校相關科系教學使用外，更提供婚禮產業相關業者婚禮規劃及實施的參考；同時也可以給即將踏上紅毯的新人，一個完成自己夢想婚禮的指南。個人認為此書更是首開先例將婚禮產業實務與專案管理方法相結合，因此本人很高興能將此書推薦給對婚禮專案管理實務應用有興趣的讀者們做參考。

開南大學創新與專案管理研究所所長

詹昱忠　謹識

自 序

　　十多年前開始了最喜愛的新娘秘書工作，Lu就知道自己是個瘋狂的婚禮人了。雞婆、龜毛、熱愛婚禮籌備過程的點滴；喜愛參與複雜又瑣碎枝節的探討；認真照顧每一個人的細節，在意每一個人的感受。更因為家族淵源，自小便對婚慶擇日、命理諮詢等耳濡目染，也因此對於禮俗與禁忌有更深切的認識。因此，即便在還沒有婚禮顧問這個行業誕生時，Lu便已經開始開開心心的從事婚禮顧問相關的工作內容了。

　　近幾年社會分工愈趨精細，婚禮籌備更加精緻、創意，婚禮顧問不僅被認同與接受，更成為令人欣羨的時尚行業，台灣雖然在起步較歐美及日本晚，但發展迅速，近年更是有許多大專院校積極投入婚禮相關產業的教育訓練，以宏觀的角度正視婚禮產業的無限未來，更致力傳承幸福意念的種子，憑藉著對婚禮的深刻體悟與感動，著手整理了婚禮人的入門與概論，希望能延伸對婚禮產業的精神與脈絡。

　　在婚顧市場中除了邏輯與系統式的教育規劃之外，參與現場的實習、臨場應變的歷練、周邊整合的運用，都會影響婚禮規劃的成敗。若說推薦婚禮人必看的影集，除了Jennifer Lopez所主演的《愛上新郎》（*The Wedding Planner*）（2001）、Julia Roberts的《新娘不是我》（*My Best Friend's Wedding*）跟電影小品──《失戀33天》（*Love is not Blind*）之外，Lu一定強烈建議要看《周公鬥桃花女》，別懷疑，這部雖是經典的

民間故事，卻可以看到許多台灣目前依然奉行的婚禮儀軌圭臬與習俗來源，可說是台灣傳統婚禮習俗的啟示錄。

　　感謝開南大學專案管理研究所管孟忠所長的鼓勵，鞭策著Lu整理與撰寫這《婚禮專案管理》一書；謝謝新娘物語雜誌社網路總監暨副總編輯Amy Lai老師讓Lu對婚禮產業重新啟蒙了不同的視野；還有最感恩可憐的攝影大師Robbin Lee爆肝陪Lu挑照片、拿授權，還提供了許多得獎與入圍的作品讓版面更加賞心悅目，其他慷慨提供照片的新人與被一直打破砂鍋問到底還沒把Lu揪出門的仕紳耆老們，大家所給予的協助與支持，都讓Lu無限的感激。Lu深知一本婚禮人的概論，無法將婚禮周邊各行業的專業描述於萬一，也無法追上婚禮產業一日千里的求新求變，期待將來有機會與各界的先進們做更深入的研究與探討，在此深深的致謝。

Lulu

目 錄

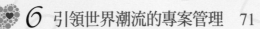

Part 2 婚禮與專案管理　69

Part 1

一年一千億
的商機

商機無限的婚禮市場，每年正以20%速度在台灣成長，新興產業的高度人力需求，帶動市場的活絡與競爭，每年將近一千一百億的周邊商品經濟效益，炙手可熱的「婚禮專案管理師」，打造新人的夢想婚禮，也打造自己的精彩未來。

1

婚禮市場

1.1 婚禮市場分析

　　依照內政部統計，台灣每年約有十一萬到十六萬對新人結婚，婚禮所產生的周邊商機每年超過新台幣一千億元，即便近幾年結婚人數逐漸下滑，再加上經濟不景氣、社會風氣的改變、少子化等因素的影響，但結婚這件人生大事，不曾因為這些因素而市場萎縮，反而逆勢成長，儘管結婚率逐年下滑，但結婚預算卻年年增長。而且越來越多忙碌的新人在決定結婚時，考慮委由專業婚禮顧問處理所有繁瑣婚事的觀念已快速普及，因此，台灣的婚禮顧問市場每年逆勢成長20％。連海外大型婚禮顧問公司都陸續跨海來台增設據點，顯見對台灣婚禮顧問市場深具信心。

　　婚禮顧問起源於美國，約在1996年引進台灣，過去多是企業名人才會請婚禮顧問規劃婚禮，近幾年已漸成風潮。台灣婚禮顧問市場規模擁有巨大的潛力，係因台灣婚禮顧問的銷售對象除了台灣的顧客外，尚有旅外華僑及中國大陸十二億人口的驚人市場，據中國婚慶產業調查統計中心顯示，2013年中國大陸共有1,145.8萬對新人登記結婚，已連續兩年突破一千萬對大關，每年婚慶的消費額更高達1.2兆人民幣。台灣婚顧的品質保證受到中國大陸民眾的喜愛，如此龐大的婚禮市場，也促使台灣業者向中國大陸進軍，共同帶動兩岸婚禮的商機。

　　而以跨國際婚禮而言，若在歐美或日本舉行婚禮，均所費不貲，因此無論在軟、硬體配備和服務品質上，台灣均已經具備跨國婚禮的優越條

件，積極搶攻大陸、香港、澳門等新人到台灣結婚與拍婚紗的商機。目前即有馬來西亞籍新人斥資四百萬，來台舉行跨國婚禮。無論國內、國外，台灣的婚禮服務都已經成為新興趨勢。

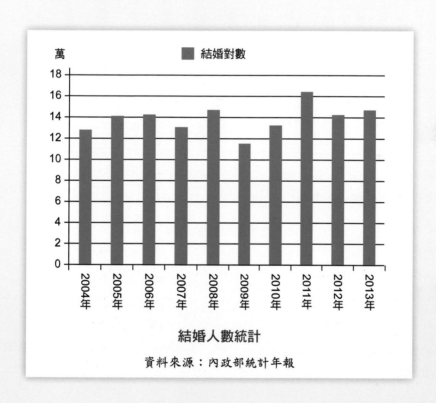

結婚人數統計

資料來源：內政部統計年報

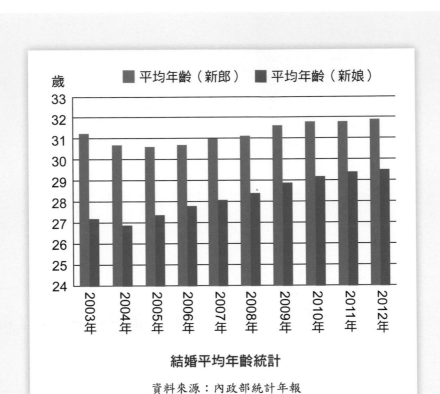

結婚平均年齡統計

資料來源：內政部統計年報

　　再者，依據內政部統計年報，首次結婚的平均年齡逐年攀升，因此高齡化的結婚市場，將朝向更精緻、更專業、更客製化前進。

 1.2 婚禮市場產業解構

　　在中國傳統社會觀念中，成家立業極為重要。結婚、生子、購屋都是人生中的大事，也是一生中花費最多的時段，而在這一年超過一千億的結婚市場中，更是非常巧妙的形成了婚禮專屬的產業鏈，雖說主要是指為新人提供因結婚所需系列產品與服務的各種行業，但花錢的還不只是新人；

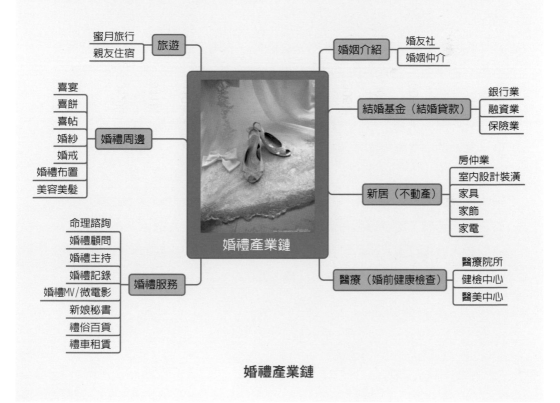

婚禮產業鏈

由於中國社會習俗的禮尚往來，這筆錢可說是全民總動員，大家一起花。

而從決定結婚的那一刻起，除了因為結婚是人生當中極為重要的里程碑，新人在籌備婚禮過程時也堅信這是一生一次最重要的時刻，因此對於結婚的花費是大方不手軟的。綜觀整個婚禮所影響的行業，範圍之所及，大抵如前述婚禮產業鏈圖所示。整體而言，近年來M型化的趨勢明顯，金字塔頂端的消費者越趨精緻化與客製化，而中低階層的客群企望在有限的預算中，能走出屬於自己的風格。當然這些還不包括婚後的延伸需求與消費。

相較於香港結婚平均花費30.26萬港幣（香港文匯報，2013）與中國大陸的一擲千金，台灣的新人平均花費約在70萬～100萬台幣之間（經濟部商業司，2008），結婚，真的會讓新人更努力工作。

從婚禮產業鏈中可以看出，其中除了新居的部分是屬於長期受益的項目，其他的消費幾乎都是因為婚禮衍生的短期受益項目。而依照經濟部商業司於2007年之「消費與生活型態研究與訓練之策略計畫」中針對上述結婚相關需求，對台灣近兩年結婚者進行調查之研究資料顯示，台灣的新人於喜餅、喜帖、婚紗攝影、結婚宴的使用比率皆高達九成以上，亦有近八成的新人會進行蜜月旅行，因為這些項目皆是結婚中必備的消費（經濟部商業司結婚產業研究暨整合拓展計畫，2009）。

LOVE
you

2

婚禮專案管理師職場規劃
vs.
市場需求

　　Nelson和Otnes（2005）認為，婚禮存在於世上的主流文化中，是一種特殊的儀式，一種通行的慣例，也是一個人從這個階段到另一個階段的重新定義。

　　隨著結婚年齡逐年攀升，高教育水準普及，婚姻勾勒出生活的美好，從早期「父母之命，媒妁之言」的盲婚啞嫁，到現在大家對婚姻的自主與對婚禮的憧憬，婚姻是生命歷程中重要的轉折點。全球化的影響，媒體對婚禮編織的夢幻與期許，已經從「婚姻」是人生的大事變成「婚禮」是人生的大事，工作的忙碌與社會分工的精細，讓新人在面對籌劃婚禮時的繁文縟節，每每束手無策，期待婚禮盡善盡美，卻在兩個家庭與親友團的指引下精疲力盡，因此婚禮顧問應運而生，專業的婚禮顧問公司，透過單一窗口，所提供的服務從準備結婚開始，求婚、婚戒、訂婚、喜餅、婚紗、迎娶流程、婚宴，乃至於蜜月旅行均可量身訂製，為新人打造獨一無二、回味再三的專屬婚禮。

2.1 誰需要婚禮專案管理師？

　　婚禮，是新人在經濟財務、心理壓力、體力和時間上的投資與挑戰，雖說相愛是兩個人的事，但結婚通常是兩個家族的事，沉浸於幸福的兩人世界中，又要滿足家族中其他人的想法，面對人生最重要的儀式，該如何著手，讓它能夠盡善盡美？

＊您有充裕的時間來籌劃您的夢幻婚禮嗎？

＊您清楚各家婚禮服務業者的服務品質嗎？

＊您確知所有婚禮的相關籌劃細節與習俗嗎？

＊您瞭解何種婚紗與造型最適合自己嗎？

＊您可以有效掌控與運用您的婚禮預算嗎？

　　如果對於上述的問題您有太多的疑慮，何不試試交給專業！不必讓長輩擔心婚禮該如何籌備才不失禮數而煩惱，讓家人、朋友、同學能盡情享受婚禮，也可以省下四處張羅的寶貴時間。

2.2 委託婚禮專案管理師的好處

　　晚婚與忙碌是籌備繁瑣婚禮的大考驗，新人想要跳脫傳統，打造屬於自己的精緻品味，卻無暇處理逐一細節，因此專業與分工，單一窗口的一站式滿足，讓婚禮專案管理師應運而生，讓新人省時，省錢，省事。

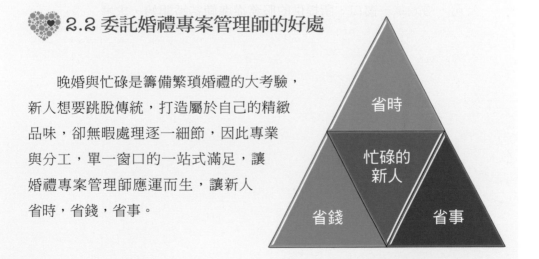

委託婚顧的好處

♥ 2.3 婚禮專案管理師的無所不能

　　婚禮專案管理師到底可以做什麼？依照新人的喜好、職業、興趣、預算，從完整客製化諮詢、求婚儀式、擇日、文定迎娶儀式、習俗溝通、婚宴統籌規劃執行、婚禮主題設計、海外婚禮、司儀主持、會場布置、結婚禮車、燈光音響、樂團歌手、攝錄影記錄、MV製作、新娘秘書、喜帖、婚禮小物、喜餅、婚戒、婚前契約、健康檢查等，對於婚禮完全沒有頭緒的新人而言，專業的婚顧真的猶如指南針，可以提供正確且有效率的指引，避免新人在摸索的過程中毫無頭緒，耗費時間並引發爭執。

　　婚禮專案管理師依照客戶的需求，量身訂製全套婚禮計畫，從新人的求婚、訂婚到結婚，滿足新人的需求，提醒未預知與未意識的需要，給予全方位的完善服務。是婚禮的CEO，婚禮的導演，婚禮的魔法師。

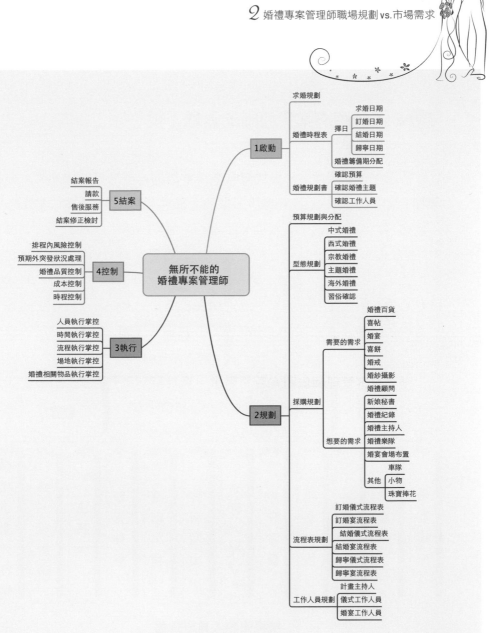

無所不能的婚禮專案管理師

2.4 婚禮專案管理師的組織

一場完美的婚禮，幕後究竟有多少幸福的推手？只為成就這一天的璀璨！從婚禮服務人員組織圖中，便知道這些偉大幕後功臣的辛勞。

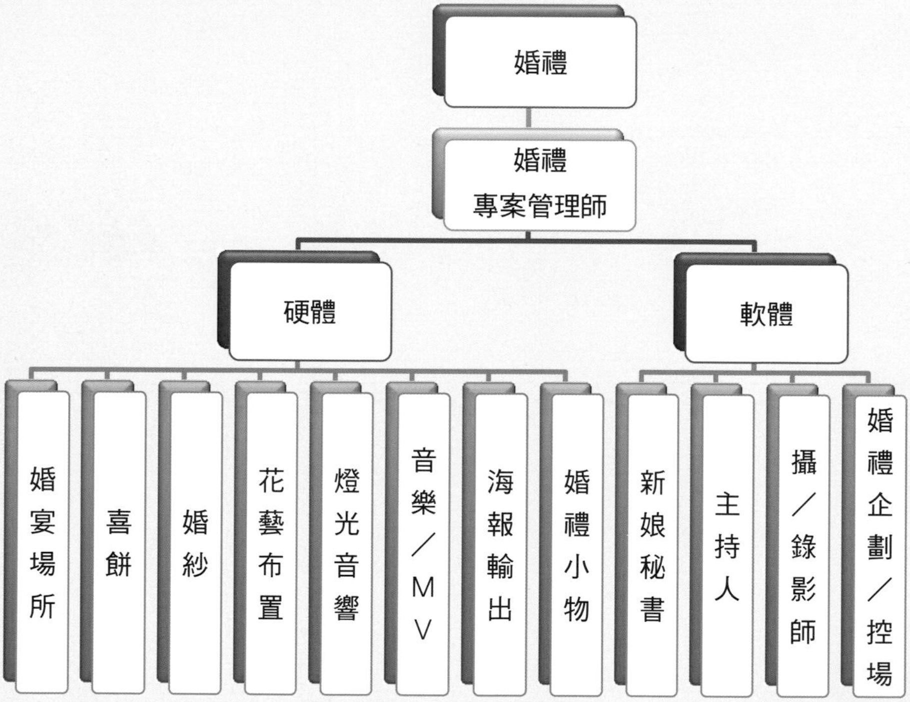

婚禮服務人員組織圖

3

婚禮專案管理師培訓

　　婚禮專案管理師的存在並不是為了將複雜的流程簡單化，或是提醒新人做婚禮的規劃，而是將新人對於婚禮的憧憬實現，不只是顧問師或是魔法師，而是不論新人喜歡任何型態的婚禮風格都能一一呈現。能夠從繁亂中整理出邏輯，從虛無中衍生出炫麗。婚禮專案管理師需要具備何種特質，才能遊刃有餘，不負新人所托，完成生命中最重要的儀式？

❤ 3.1 婚禮專案管理師所需的特質

　　熱情的五心級服務與高 **EQ** 整合管理資源能力，是婚禮專案管理師所需具備的特質與需培養的能力。面對新人五花八門的需求，天馬行空的想像，該如何如期、如質、如預算的完成新人夢想中的婚禮，是婚禮專案管理師對自己的大考驗。

婚禮專案管理師所需的特質

五心級服務的條件

特質	具備條件
熱情	對婚禮永遠懷抱著夢幻的熱情，真心的熱愛婚禮的每一個過程及環節，而不只是一份工作。 ♥ 情感行銷，價值永續 ♥ 目標明確，自動自發的自我成長 ♥ 內蘊的人格特質與外顯的行為特色
熱心	熱心是一種人格特質。熱心的人往往具有俠客的血性，同時又具有吸引人的「親和力」。能夠想到新人還未想到的，做到超乎新人的需求。 ♥ 主動積極，樂此不疲 ♥ 情感豐沛，腦筋敏銳 ♥ 慷慨付出，不遺餘力
細心	對於繁瑣的過程能鉅細靡遺，面面俱到。 ♥ 注意細節，掌控細節 ♥ 大處著眼，小處著手 ♥ 敏銳的洞察力
耐心	婚禮規劃是長期抗戰，面對新人忐忑無助，一改再改，能不厭其煩的給予協助，對於新人的焦慮，能夠給予適時的輔導。 ♥ 高度服務導向 ♥ 高EQ ♥ 心理諮商
創新	尊重新人對婚禮的滿懷浪漫與天馬行空，給予客製化的可實行建議。 ♥ 可預見結果的創意設計 ♥ 主題發想技巧 ♥ 打破陳規，改變傳統的突破式美好
同理心	體諒新人的無助與求好心切，將每一場婚禮都當成自己的婚禮籌劃。 ♥ 以客為主 ♥ 辨識新人內心真正的想法與需求 ♥ 站在新人立場，設身處地的著想

　　婚禮專案管理最終極銷售的，是新人的幸福與安心；是顧客的津津樂道與回味無窮。

 ## 3.2 婚禮專案管理師所需的技能

　　除了五心級的特質外，無所不能的婚禮專案管理師還需要培養企劃提案能力、溝通協調能力、整合資源能力、危機處理能力、財務規劃能力、執行能力與美學素養等技能。

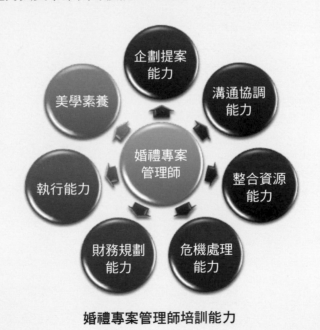

婚禮專案管理師培訓能力

婚禮專案管理師能力分析

能力	內容
企劃提案能力	熟稔婚禮相關細節，並依照新人的需求提供婚禮需要的各項規劃與建議。 ♥ 良好的表達能力 ♥ 銷售技巧 ♥ 縝密心思
溝通協調能力	面對新人家族的各方意見，能溝通協調出皆大歡喜的結果。 ♥ 傳遞清晰正確的訊息 ♥ 樂於傾聽 ♥ 專業回應
整合資源能力	整合並掌握婚禮相關周邊資源與廠商，給新人最適切的建議。 ♥ 維繫工作夥伴的情誼 ♥ 培養並擁有人際網絡 ♥ 化繁為簡的統一窗口
危機處理能力	面對流程中層出不窮的各種突發狀況，能夠妥善處理。 ♥ 勇於面對挑戰 ♥ 機動性服務 ♥ 抗壓性高
財務規劃能力	有效掌控婚禮預算，能在新人的預算內，達到最讓人滿意的結果。 ♥ 消費行為認知 ♥ 成本分析 ♥ 購買情境與決策
執行能力	可以切確執行所提的婚禮企劃，完整呈現。 ♥ 專案專職服務 ♥ 善用系統工具掌握績效 ♥ 完整確實的執行結果與追蹤
美學素養	能掌握流行元素挹注婚禮，在每一個細節都讓人賞心悅目。 ♥ 審美意識與價值觀 ♥ 流行元素運用 ♥ 整體美感統合籌劃

　　總之，婚禮專案管理須具備理性的邏輯規劃能力、感性的溝通整合能力與隨性的創新處理能力。婚禮專案管理師是溝通新人與婚禮的夢想推手，不只是婚禮總召，而是要讓原本覺得不需要婚顧服務的新人，覺得「有你真好！」

♥ 3.3 婚禮專案管理師的生涯規劃

　　在婚禮專案管理市場中，每年將近20％的快速成長，但傳統婚禮習俗卻被遺忘得越來越多；工作所得越來越高，時間卻越來越少；因此市場需求越來越多，具備全方位婚禮規劃能力，無論是就業或是微型創業，婚禮產業中的任一區塊都能開創無限的商機。

　　根據近年來人力銀行所統計的職場熱門趨勢行業，包括創意型、貼心型、溫馨型、表演型、時尚型、才藝教學型、兒童才藝型、心靈成長型及休閒運動型等行業大幅成長。而婚禮專案管理師更是符合創意型、貼心型、時尚型、溫馨型等行業特質。儲備好專業技能，將來不管在哪個領域，都能大放異彩。

4

婚禮專案管理師的行銷

　　婚禮專案管理師最大的問題在於「幾乎」不會有重複消費的客群，因此如何拓展源源不斷的客源相形重要，留給新人驚喜與美好的回憶，創造服務，帶來利潤，形成一個口碑相傳的循環，是婚禮專案管理師最終行銷目的，當然也別忘了，參加婚宴的所有賓客都是親眼見證婚禮的潛在客源。

❤ 4.1 婚禮消費市場行為

　　婚禮，是一種通識而不是知識，婚禮顧問進入的門檻並不高，因此，如何加強行銷策略與服務內容，並且建立核心技能，就會決定是否能在業界勝出的關鍵。

　　分析消費者行為模式（Engel-Kollat-Blackwell Model, EKB Model），可以知道消費行為是一種連續過程而不是間斷的個別行動。綜觀影響決策的幾個關鍵：需求認定→蒐集資訊→方案評估→購買行動→購後行動，即可得到婚禮消費市場循環：透過服務與感動，企劃出完美婚禮規劃後，完善執行，讓全場賓客都有美好感受，之後願意為我們經驗分享，成為我們的好口碑，持續一個善的循環。

婚禮消費市場循環

♥ 4.2 服務行銷

　　1935年紐西蘭奧塔哥大學經濟學教授費歇爾在其著作《安全與進步的衝突》中首先提出對產業的劃分方法。爾後英國經濟學家、統計學家Colin Clark更在《經濟進步的條件》一書中，於費歇爾的基礎上，採用了三次產業分類法，對三次產業結構的變化與經濟發展的關係進行了大量的實證分析，總結出三次產業結構的變化規律及其對經濟發展的作用。而所謂的3級產業就是指服務業（Service Industry），其定義為：「無製造有

形物品的產業」，意指透過行為或形式、設備、工具、場所、信息或技能提供生產力或勞務，並獲得報酬的行業。管理大師彼得‧杜拉克（Peter F. Drucker）也說：「新經濟」就是服務經濟，服務就是競爭優勢。服務業是一個提供幸福感的行業，當人們花錢買「產品」和「服務」，同時也購買「期待」。服務業因為看不到、摸不到，所以銷售的是感覺、是心情、是氛圍、是體貼、是承諾……。

　　而所謂的「服務行銷」是指——服務業經營組織基於顧客導向所發揮的「硬體、軟體」機能之管理活動。使得企業產品在顧客心目中占有一獨特且具價值感的地位。服務業於已開發國家的產業比重約占70%以上，目前台灣已經是一個「服務化」的社會，近幾年來服務業快速發展，貿協分析：2012年台灣的服務業產值業占國內生產毛額已經高達68.7%，約新台幣9.4兆，服務業的就業人口也占總就業人口的58.6%以上，服務業的行銷與經營管理策略漸行重要。服務行銷主要在行銷企業的「品牌」。企業透過品牌的名稱、標幟、口號等來加強顧客對企業的認識及瞭解，同時和競爭品牌產生差異化。唯有良好的服務才能加強企業的品牌力，提升企業形象，增加品牌價值。

　　經建會更於2012年由行政院責成「行政院服務業推動小組」，積極協調推動十大重點服務業，透過展覽、嘉年華、園遊會、博覽會、音樂會、競賽、專家座談會、研討會等，搭配整體行銷，希望能進一步強化服務業的發展環境，使服務業成為台灣經濟成長與創造就業的重要引擎。各式各樣的婚禮博覽會、婚禮大賞、主題婚禮展覽等系列活動琳瑯滿目，讓

無形性	• 服務無法像實體產品一樣看到、摸到、聽到、吃到或聞到，購買前無法看到結果也無法預知，銷售的是一種滿足客戶需求的無形活動過程，因此服務行銷必須努力為無形的產品增加可觸知性。 • 婚禮流程規劃再縝密，參閱再多，在婚禮當天執行前都是一個未知數，無法預知，也不能先看到結果。
不可分割性	• 或稱為同時性，服務是販賣後，同時生產和消費，因此形成服務的不可分割性。而且服務亦無法獨立完成，須與客戶有深入的討論才可以定案。 • 婚顧在規劃時就已經開始提供服務，須與新人有密切的溝通與合作。流程中更是所有活動同時進行，無法分割。
可變性	• 同樣的一種服務因提供者與時間、地點的不同，會有很大的差別，也就是能夠依照客人的需求，客製化其服務內容。 • 沒有一場婚禮的內容是完全相同的，依照新人的需求，量身訂製屬於兩個人的幸福饗宴。
易逝性	• 服務本身並不能儲存以備將來之需，因為服務的價值只有客戶在時才存在。 • 婚禮無法事先舉行、儲備，或轉移給其他客戶使用。

服務業四大特性

婚禮產業的服務更完整、更圓滿。

　　服務業因具備無形性（intangibility）、不可分割性（inseparability）、可變性（variability）、易逝性（perishability）等四大特性，更需要一套獨特的服務業行銷策略的觀念與創新作法。

　　善用服務行銷的特性，在無實體商品的型態下，為客戶創造有價值的完美消費體驗。競爭激烈下的產業分野逐漸模糊，無形商品的跨領域服務是提升競爭力的最佳優勢，新服務產生新價值進而衍生新客戶，才能創造新局面。

一、無形性

　　服務行銷通常是行銷的是勞務，不同於一般有形的商品，客戶在購買的當下，無法將實體商品兌回，通常銷售的是一種過程（process），一種態度，一種滿足客戶滿意的演出。服務無法量化、沒有標準。正因為不是規格化的有形商品，更可依客戶的需求量身訂製，以創意的差異性來滿足客戶的需求。當然，盡力將產品有形化，具象化，讓客戶能從五覺中有更深刻的感受，也是提高客戶購買意願的絕佳方式。

二、不可分割性

　　通常服務行銷無法獨立完成，須先與客戶充分討論互動，再由團隊分工完成。因此更能做到專業專責，精緻分工，讓服務更有績效。一旦服

務展開,便是環環相扣,無法分割。

三、可變性

一樣的服務項目,在面對不同的客戶需求,就會有不同的服務內容。差異性服務與客製化服務更是近年來備受青睞的服務新潮流。面對客戶想要獨一無二、與眾不同的想法,提出符合客戶期待的可實現需求,不用局限於有形產品的規格,反而更能夠添加新意,自由發揮!

四、易逝性

服務無法庫存、無法事先生產,因此沒有庫存上面的壓力,在接獲客戶需求時才予以量身訂製,服務結束後會消失,能留下的只有記憶了,趁著美好回憶的餘溫,創造一個有價值的美好消費體驗,真心誠意的感動客戶,延續另一個服務的周期。

♥ 4.3 令顧客倍增的感動行銷

近幾年最成功也最具效益的行銷方法就是「感動行銷」,這是精於品牌創新、行銷的管理學專家伯德・施密特(Dr. Bernd Schmitt)率先提出,並於1999年發表著作《感動行銷》(*Experiential Marketing*)。

「感動行銷」其意係指站在消費者的感官（sense）、情感（feel）、思考（think）、行動（act）、聯想（relate）五個面向，重新定義、設計行銷作為的一種思考方式，此種思考方式突破傳統上「理性消費者」的假設，認為消費者消費時是理性與感性兼具的，消費者在消費前、消費時、消費後的體驗，才是購買行為與品牌經營的關鍵。

在接二連三成功的範例後，立刻被企業奉為圭臬，不論套用在何種屬性的商品，均頗受消費者青睞，冰冷的3C已不只強調功能；汽車不只強調速度；房屋不只強調建材；保養品不只強調成分，每個產品背後都有一個動人的故事，娓娓敘述一個夢想，一個願景，一個期待……。

感動行銷最大的附加價值，是會產生無數的行銷人員，夾帶著對廣告的感動，格外用心的體會商品，激起更多的餘漾，一如透過與新人的訪談，從二位的愛情故事中，延伸出許多令人感動的細節，進而感染來參加婚禮的親友們，延續了新人沉浸在愛情中的美好，渲染了親友間許久未曾的感動，都是累積口碑最好的方式。當然前提必須是在服務的過程中，超出消費者的期待，提供了更多觸動心靈的細節與感受，做到讓消費者打從心裡的「WOW」行銷。

感動行銷所創造出來的超級銷售與優質服務，在於跳脫制式SOP流程外的小悸動，預知消費者的需求給予需求，預測消費者的問題解決問題，觸動人心的感動，同時引爆顧客的共鳴，「故事性」加上「感動心」，於短短的時間內，運用影片或平面，敘述一個人性的縮影，一則人生的小品或是一場生命的邂逅，顛覆傳統行銷的窠臼，成為新的品牌決勝點。

膾炙人口的感動行銷

全國電子

2003年開始，全國電子與吳念真導演合作了一系列「全國電子足感心」的廣告，開始了提升品牌差異性的感動服務，除了榮膺「顧客滿意度金質獎」、「消費金品獎」、「第三屆傑出服務獎」殊榮外，更實質反映在企業獲利上，至2013年門市已達322家，穩居同業龍頭。企業廣告語「足感心ㄟ」更連續蟬連廣告金句，針對弱勢族群提供的優惠與協助，以溫馨的形象獲取民眾的認同，讓全國電子成為國內數一數二的3C商品販賣中心。

迪士尼樂園

2014年的Twitter出現了一張迪士尼的「未來通關券」引起網友的探討，原來全年無休無淡季的迪士尼樂園一直是大人與小孩的夢幻樂園，但是基於安全上的考量，比較刺激的遊樂設施還是會有身高上的限制，十六年前一個可愛的小女孩因為身高不足，不能搭乘迪士尼樂園著名的雲霄飛車「巨雷山」，當時工作人員給了小女孩一張「未來通關券」，允諾當她長大時，可以拿著這張券優先搭乘，一晃眼十六年過去了，有一天小女孩重回迪士尼，想起了這張理論上已經停用的票券，再次來到了「巨雷山」前，工作人員毫不猶豫地領她至隊伍的最前面，還不忘對她說：

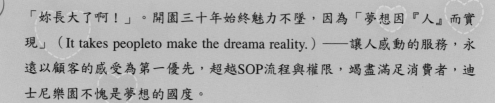

「妳長大了啊！」。開園三十年始終魅力不墜，因為「夢想因『人』而實現」（It takes peopleto make the dreama reality.）──讓人感動的服務，永遠以顧客的感受為第一優先，超越SOP流程與權限，竭盡滿足消費者，迪士尼樂園不愧是夢想的國度。

王品集團

　　打造幸福產業的王品餐飲連鎖集團，近年整合了旗下豐沛的資源，建構八大部門，研發專屬管理系統，甚至創新了飲食業界首屈一指的標準作業流程，面面俱到的行銷企劃，卻也被重拍經典飲食電影的導演曹瑞原，批評為是酒店式服務，粗俗沒有品味的飲食文化，服務雖然周到卻像在背書，不帶任何感情，更像小和尚念經，只有一套表面的SOP流程，流於「有口無心」取悅的形式。曹瑞原說：「這並不是一個專業的訓練」。但是親自造訪王品飲食集團數次，體會「制式化的服務」絕對是連鎖業者不得不然的做法，但如何在同中求異，給予消費者溫馨與感動的貼心服務，在與消費者的軟、硬體互動中見著。舒適的用餐空間，連女性洗手間都貼心的準備棉花棒、牙線、衛生棉與護墊；餐點不滿意二話不說重新製作；每道料理上菜時都做了介紹與食用方式；幾乎沒有服務人員臭臉；特殊節日的額外服務；拍照影像立即輸出成卡片等，門庭若市源源不絕的回客率，朋友與家人聚餐時的首選，都是對服務感動最直接的回饋。

成功的感動行銷膾炙人口，再加上社群力量的推波助瀾，往往能有立竿見影、無遠弗屆的驚人效果，不過水能載舟亦能覆舟，過度矯飾的感動，如果無法引起共鳴，反而會讓企業形象受損。

4.4 婚禮專案管理師的微整合行銷

究竟身為一個專業的婚禮專案管理師，要如何妥善運用行銷工具來保持源源不絕的客人呢？如何透過全方位的行銷模式，打造婚禮專案管理師的360度服務，讓需要的新人找到你，是每一個婚禮專案管理師最重要的功課。

一、廣告

依照美國行銷協會（American Marketing Association, AMA）對廣告所下的定義：一個廣告主，在付費的條件下，對一項商品、一個概念、一個服務，所進行的傳播活動，加以說服、改變或加強消費者的態度或行動，而達到良好的回饋作用，就是廣告。而在台灣，「消費者保護法施行細則」第二十三條規定：廣告是「利用電視、廣播、影片、幻燈片、報紙、雜誌、傳單、海報、招牌、牌坊、電腦、電話傳真、電子視訊、電子語音或其他方法，可使不特定多數人知悉其宣傳內容之傳播」。

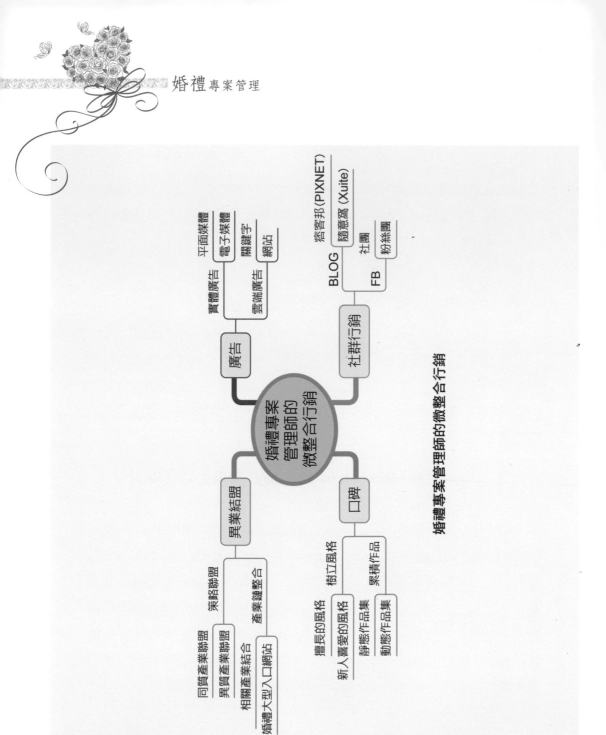

婚禮專案管理師的微整合行銷

因此大家對廣告的共識是付費、傳播。目前最常使用的廣告通路又可分為實體廣告與雲端廣告。

1. 實體廣告：通常是指平面媒體或電子媒體，平面媒體如報紙、雜誌、傳單、海報、招牌、戶外媒體、車體廣告、DM等可以實體呈現的付費廣告方式；電子媒體如電視、廣播等。
2. 雲端廣告：泛指網際網路廣告，又稱虛擬廣告，如網路廣告刊登、部落格行銷、網站排名、社群網站行銷、關鍵字等，現在更擴及智慧型手機的行銷。

二、社群行銷

所謂的社群行銷（Social Media Marketing）是指個人或群體透過群聚網友的網路服務，來與目標顧客群創造長期溝通管道的社會化過程（孫傳雄，2009）。企業與顧客透過一個能聚眾的平台，從早期的BBS、論壇，一直到近年來當紅的Facebook、Plurk、QQ、Twitter、Line、微博等，或是較個人化的專屬空間Blog等，互相溝通、交流、分享。企業更可以運用此模式的網路服務效應，鎖定目標客戶群，拉近與客戶的距離，建立更高的忠誠度。行銷的概念不斷在改變，社群行銷的重點將轉移到與客戶的聯繫與溝通，累積更多的客戶資本，才有機會轉為實質績效。

新世紀絕不可錯過的新興行銷模式就是社群行銷，個人或企業透過網路服務，用來尋找及創造目標客群的一種行銷方式，透過社群行銷建

立知名度，累積客群，維繫客情，儼然蔚為風尚，在智慧型手機的普及下，不但改變了人與人之間的溝通方式、消費模式，同時也創造了新的行銷教條。

2006年之後最不可忽視的廣告力量，全球前四大市場調查研究公司之一的德國GfK（Gesellschaft für Konsumforschung）發布2012年美國民眾每日在網路上的各項行為時間花費調查結果，毫無意外的，花在社群媒體上的時間最多，穩占鰲頭（37分鐘），其次是e-mail（33分鐘）；令人注意的，觀看線上影片躍居第三（24分鐘，2010年時還只排到第五），而使用搜尋的時間比重，年年每況愈下。

所以企業品牌要「貼近」現代「幾乎每天都要上網」的消費者，各種線上行銷的資源投放應該參考上述調查結果排名，若是忽略社群行銷，恐怕是和現代消費者行為趨勢背道而馳，而致事倍功半。

當社群行銷已默默滲入生活中，依照統計有71.3%的新人透過網路搜集結婚相關資訊，因此社群行銷更是婚禮專案管理師與新人之間最好的橋樑。

三、口碑

口碑行銷就是透過嚴謹的策略規劃，進行B to C to C的行銷模式，讓消費者主動為企業進行再次甚至更多次的免費宣傳。因為是出於自己所熟悉、信任對象的保證，對消費者而言當然遠比任何廣告都來得可靠。因

此,口碑行銷是服務品質與顧客滿意服務的回饋與正面評價。

　　口碑行銷的話題與對象,均須持續經營,透過多媒體單點對多點的模式,追蹤與計算成效,才能達到良好的行銷成果,對婚禮專案管理師而言,是深具影響力的行銷模式之一。當然,對服務不滿意的消費者,也會透過貶損品牌或詆毀形象作為發洩心中不滿的管道,而負面性的資訊,對消費者選擇更是有決定性的影響,不可小覷。

四、異業結盟

　　由於婚禮涉獵的範疇多且廣,多產業的異業結盟可以快速完整商品線,同時提供各領域的專業服務,對微型創業與中小企業而言,是快速進入市場同時達到利潤最大化與風險最小化的最佳模式。有1+1＞2的競爭優勢。

　　婚禮專案管理的異業結盟整合,更可讓新人有一站購足的便利選擇,只要慎選結盟的對象與品質,就能凸顯婚禮顧問的專業與功能,更可依照新人需求,設計各種套裝組合,增加多元性,讓成交更容易。

5

推動並建立婚禮
專案管理師證照

婚禮顧問市場蓬勃發展，有越來越多的人才加入這個行業，但國內卻沒有可以評量服務品質的標準。可以提供客戶一個「有憑有據」的品質保證。因此，落實婚禮顧問的專才教育與證照認定，是業界當務之急。

♥ 5.1 證照的定義

根據國際專業管理亞太年會（International Professional Management Assembly-Asian Pacific Regions, IPMA-ASIA）ATS國際認證協定，對證照所下的解釋與定義如下：

廣義來說，為某一專業技術或領域，透過某種標準的檢定或測試，依技術難度或專業程度區分為若干等級，由政府單位或具公信力的專業組織所認定核發，用於表彰個人資格或執業資格的證明文件。

狹義來說，所謂證照分為執照或專業證書。「執照」是特定被規範的行業或業務所應具備的資格，一般都有被立法來規範，或受業界團體要求需符合的資格或檢定，所核發之證明文件，用來規範或要求行使該業務或行為的資格。「專業證書」是代表某項專業技術或領域，經某種標準或檢定測試合格，核發給個人用來彰顯或認可該項技術能力的資格證明文件。

總體而言，執照為許可行使某項業務或行為的證明，但依行使地或業界之不同，所要求的標準可能不同，所以執照為屬地主義說。專業證書

是個人在某項專業技術或能力的認可，為代表個人在某項專業技術及能力的資格或榮銜的表彰，所以專業證書是屬人主義說。

 ## 5.2 台灣現行證照制度

勞委會自1993年開辦證照以來，取得證照的人數逐年上升，證照的種類及數量也陸續增加，顯示國人對專業認證有越來越認同的趨勢。台灣的職業證照制度約可分為三類：

一、考試院

由考試院主管專門職業，如律師、會計師、建築師、各類醫事人員及護士、代書、土木技師、電機技師等各類技師，該證照檢定的主要依據法源為「專門職業及技術人員考試法施行細則」第二條之規定。

二、勞委會

由勞委會主管，依據「職業訓練法」規定，為提高職業技能水準、公共安全所研擬之甲、乙、丙級技能檢定證照檢定考試。行政院勞工委員會職業訓練局更自2005年開始參考了英國IiP（Investors in People）制度及國際人才培訓品質驗證ISO 10015，發展了一套適合台灣辦訓環境

的訓練品質評核系統（Taiwan Train Quali System，簡稱TTQS），藉由計畫（Plan）、設計（Design）、執行（Do）、查核（Review）、成果（Outcome）五大項訓練流程循環，改善企業及訓練單位的辦訓能力與品質。並藉由導入TTQS，深化人員專業職能，有效提升人力資源，確保訓練流程之可靠性與正確性。進而延伸為企業的無形競爭優勢。2012年更向澳洲取經，開始推行「RTO訓練註冊組織」，期待能有效培養出真正符合快速變動的產業需求的人力，維持市場競爭力。

三、業界

　　業界及業務主管機關推動的證照制度，如由金管會主導的金融相關證照考試；經濟部推動連鎖加盟、會議展覽、物流業、數位學習－教學設計等之人才認證；協會或學會及企業發行之各領域專才證照。

　　目前由行政院勞委會所舉辦的職業技能考照是項目最多，範圍最廣，同時也是最多人考的證照。不過因應新產業的不斷發展，分工日趨精細，尚有許多專業型態的證照未納入其中，婚禮專案管理師即為其一。

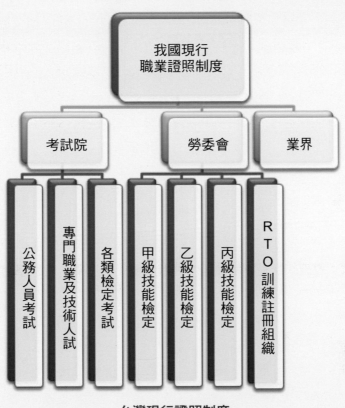

台灣現行證照制度

技能檢定歷屆核發證數

職業技能檢定統計表（技能檢定合格發證數）				
年度	檢定職類（種）	到檢人數（人）	合格人數（人）	合格率（%）
90年	119	564,427	300,432	53.23
91年	126	482,053	251,535	52.18
92年	126	435,374	238,839	54.86
93年	129	410,040	233,909	57.05
94年	134	459,347	260,907	56.80
95年	134	454,213	267,297	58.85
96年	139	489,782	298,736	60.99
97年	137	545,057	368,391	67.59
98年	139	605,349	404,803	66.87
99年	143	644,863	425,834	66.03
100年	141	648,006	415,443	64.11
101年	181	－	429,138	－

資料來源：行政院勞委會

　　證照的價值，在於協助產業發展，推行產業精緻化、升級化、制度化，同時激發其創新概念，使其能更符合產業及市場的需求，更重要的是建立屬於自己的品牌價值。

 ## 5.3 創造品牌價值

　　品牌價值是產業最重要的核心，管理大師麥可‧波特（Michael E. Porter）在其《競爭優勢》一書中曾提到：品牌的資產主要體現在品牌的核心價值上。行銷學者從使用不同的角度來定義品牌，例如Kim等學者（2001）指出，品牌是無形、無實體，但卻可以如產品般真實的建構在擁有者心中；而Kotler（1994）認為，品牌是銷售者提供具有一致性且特定產品特性、利益與服務給消費者的承諾。但是Bernstein（2003）則說，品牌等於產品加上價值，品牌由實體的部分與心理的部分組合而成，實體部分在確保品牌名稱與企業或產品間的聯結，並與其他企業或產品有所區別；心理部分則確保產品在溝通、保證和行為能夠一致、連貫及符合特性。不過，最常見的是美國行銷協會（AMA）在1960年對品牌所下的定義：「品牌乃是一個名稱（name）、專詞（term）、標誌（sign）、符號（symbol）、設計（design），或是以上的組合運用；其目的是為了確認單一銷售者或一群銷售者的產品或勞務，而不至於與競爭者之產品或勞務發生混淆。」

　　品牌是企業最重要的資產，已經為企業所認同的概念，但在實事求事的商業活動中，品牌的價值要如何被具體的量化、衡量與評估便是企業關注的重點，目前較受推崇的是1974年成立於英國的Interbrand公司，該公司自1987年以來一直沿用的品牌價值量化方法，主要著眼於「以未來

收益（非成本或交易）為基礎，評估品牌資產」，同時涵蓋「財務」、「市場」及「品牌」三方面的分析。自2001年開始，美國《商業週刊》（*Business Week*）和Interbrand公司聯手合作，每年舉辦一次全球知名品牌調查，提供全球前一百大品牌價值排名。另外，Interbrand公司也針對澳洲、巴西、墨西哥、智利、法國、英國與新加坡的當地品牌進行品牌鑑價評比，甄選出該國最具有價值的品牌。

繼新加坡、澳洲之後，台灣已是第三個以「國家品牌」為重點將Interbrand品牌鑑價評比引進的國家，與其他國家略有不同的是——台灣將評選重點放在「品牌的國際性」，因此強調進入甄選的品牌必須要有三分之一以上的品牌營收，來自台灣以外的海外市場或外國客戶。隨著全球經貿環境變遷，品牌也正逐漸躍升為企業最重要的資產之一，品牌價值不再只是抽象的概念，而是可以被量化的價值，而此一價值不僅是個別企業競爭力的表徵，更是國家競爭力的指標。

台南企業副董事長吳道昌堅信，「品牌代表個性，具有文化特質，是有生命的東西，要把它當成承諾，更需要時間培養。」「當全球化時代來臨，國際貿易競爭愈趨白熱化之際，台灣更應當在品牌經營下功夫，」吳道昌進一步表示，「品牌經營應視為消費者行銷，一種企業文化的延伸。為拓展更加廣闊的消費市場，亟需產、官、學界共同努力。」

提升品牌價值策略，須從標準化（standardization）、系統化（systematization）、資訊化（information）與證照化（certification）四方面著手，同時還必須兼顧到產業需求、整合、在地支援與創新。

一、標準化

標準是科學、技術和實踐經驗的總結。在一定的範圍內獲得最佳秩序，對實際的或潛在的問題制定共同的和重複使用的規則之活動，稱為標準化。包括制定、發布及實施標準的過程，而且是有組織、有目的的實踐，同時也是創新的基石。

在所有程序標準化之後，就能維持相對的品質與口碑，加速累積對品牌的認同與熟悉感。

二、系統化

所謂「系統化」是指可有條理、順序執行的活動，能加以整理、分析、計算，產生有意義、有價值的行為，並作為未來制定決策與行動之依據。系統化能精準且有邏輯的傳承與複製，將所有資料具體化、形象化，同時降低成本，提高效率，強化品牌價值與競爭力。

三、資訊化

自1967年日本定義了資訊化之後，演變至今，資訊化簡單來說，就是電腦、通訊和網路技術的現代化，資訊化讓時間跟地點同步，全球無遠弗屆，同時建立起虛擬且實際的資訊平台。世界各地的連結與互動頻繁，資訊化加速了全球化的腳步。

四、證照化

　　證照制度在國外行之有年，證照除了對專業有加分的效果外，面試者是否擁有證照，也會影響面試官的第一印象。考取和自己所學相關的證照，是為了在專業化的時代提升自我競爭力，同時對工作的專業程度予以肯定。

五、產業需求

　　配合產業經濟發展需求，培育基礎產業人力及產業需求之就業人才，同時提供在職人士進修及就業機會。

六、整合

　　當商業競爭，已經從企業之間的競爭，變成產業鏈之間的競爭，整合能夠提升競爭優勢；整合愈完整，收益愈大，強大的整合機制，便能發揮極大的綜效。整合的方向可分為：

1. 垂直整合：即為資源整合，將供應鏈整合後，可以降低成本，掌控品質，提升獲利，創造優勢。
2. 平行整合：策略聯盟或整併相同的產業、商品，可以減少因惡性的競爭，降低獲利，同時可透過單一窗口，提供客戶更多元的選擇。

3.內外整合：打破內部的整合障礙是通往成功外部整合的第一步，要改變的障礙愈少，其就愈能更敏捷地面對新的挑戰。

七、在地支援

愈來愈多的產業致力於在地化與在地經營的概念，即便全球化成為趨勢，國際化變成願景，但是全世界的風俗、習慣、消費卻永遠不可能統一，因此在發展全球化（globalization）時，不論經濟、政治、文化總是與在地化（localization）互相衝突與矛盾，一直到R. Robertson（1995）提出全球在地化（glocalization）的新概念才有了更圓滿的解釋：尊重各地

建構品牌價值

婚禮顧問的品牌價值

　　表面上看來，婚禮顧問是一個時尚、華麗、投資報酬率高的新產業，事實上，個中甘苦，「如人飲水，冷暖自知」，只有親身投入的婚禮人方能知曉。婚禮產業是一個淡旺季非常明顯的行業，再加上服務同質化競爭激烈，人力成本提升，工作時間難以計數，所費心思更是不計成本，營業額與利潤是難以成正比的。有形的商品，永遠可以被比價，被議價，而無形的商品要讓它更有價值，更無可取代，才能有更高的獲益。

　　當一對新人想要籌備婚禮時，無可取代的婚禮顧問人選，才能夠跳脫婚禮顧問只是一個商品的舊概念，如同可口可樂幾乎就是可樂代名詞、智慧型手機就想到Apple、有問題先問Google；如何成為新人唯一的首選，品牌建立與品質保證絕對是婚顧產業的基石。

　　以目前台灣婚禮顧問的產業趨勢，大抵分為有規模、整合產業、人力資源豐富的大型婚禮顧問公司，以及有創意、機動性高、小而精巧的個人工作室。大型婚禮顧問公司可以累積更多客戶資產，強大規模，規劃充分的行銷廣告預算達到知名度的傳播，並塑造正面的形象；個人工作室則建議以特色作為創造品牌的基礎，成就屬於自己的品牌魅力。

　　誕生品牌並經營品牌本來就不容易，從品牌故事、品牌意義與核心價值、品牌特色、品牌成長紀錄、品牌影響力、品牌差異……均須有所堅持，並建立屬於自己的品牌文化。

區的特殊需求與習俗，提供符合該地區文化、喜好的產品或服務，同時充分結合在地支援，創造出屬於地方的特色。

八、創新

在標準化與系統化的基準下，添加更多的創意，以邏輯為基石，卻有更多的巧思發想在其中，突破傳統窠臼，提供與眾不同或前所未有的服務與產品。

5.4 婚禮專案管理師證照

證照的價值，最終仍須落實在就業成效上。曾任勞委會職訓局局長，現任教育部常務次長的林聰明，長期關注證照制度及技職教育，針對證照制度未來的發展，他認為，證照法制化已是刻不容緩，而制度面的建立是相當重要的關鍵，證照法制化，不但代表國家肯定證照的價值，拿到證書的人也有榮譽感。

而位於美國的國際婚禮顧問組織規定，業者必須在三年內有籌辦一百場以上婚禮的經驗、獲得十封來自客戶的推薦函，才可以申請認證。接下來，婚禮顧問必須親自到紐約接受性向測驗與面談，通過之後還必須接受一個多月的訓練，才得以正式取得證照，之後每年仍須接受監督與評估。將證照法治化，對提升專業有幫助，對消費者也更有保障。

　　雖說台灣目前並無專業且具公信的單位核發相關證照，但近幾年婚禮人的相關產業活絡，也漸漸備受重視，已有許多民間團體正在整合規劃，希望能應趨勢而產生，讓婚禮人在職場或自行創業時能更加分，也讓消費者能更有保障。

　　而婚禮專案管理，依其職掌應可分為「婚禮專案管理大師」、「婚禮專案管理師」以及「婚禮專案助理師」三階。透過專家結合業界的規劃與評選，專業分工與認證，讓婚禮專案管理師成為專業領域的認證，為婚禮人加分。

婚禮專案管理師分階

Part 2

婚禮與專案管理

　　要在繁瑣的婚禮流程中，毫無遺漏的完整執行，除了事前的詳細規劃，按表進行是一個非常重要的習慣，尤其是在脫稿演出嚴重的婚禮現場，完整詳細的架構，可避免許多不可預期的突發狀況。所以，運用專案管理的思維來規劃婚禮是一個全新趨勢。

　　稱之為「專案」通常須具備兩個特性，一是獨特性，一是暫時性。沒有任何婚禮是完全一樣的，這就是獨特性，而所謂的暫時性，指的是因為婚禮所形成的團隊，經過長時間籌劃的婚禮，只為了凝聚在結婚當天能如煙火般璀璨奮力一綻。

6

引領世界潮流的專案管理

　　日常生活中，有太多的「專案管理」產生，大如國際間的大型活動，如奧運、企業尾牙、公司發表會、新產品研發等；小至婚禮舉行、員工旅遊、年節採購、畢業典禮等，都可以專案管理模式進行。根據統計，21世紀，全球有60%的工作是以專案型態進行。面對全球化及高知識密集化的未來，專案管理的能力，也將成為未來的關鍵職能。日本戰略之父大前研一（Kenichi Ohmae）於《再起動──職場絕對生存手冊》一書提及「能夠勝任『專案經理』職務的人，有極高的價值，在未來將是非常珍貴的人才，專案導向的組織是今後主流，企業才能在新大陸勝出……。」

　　隨著專案管理的快速崛起，專案管理也已經從國防、建築、航太等領域，擴展到各行各業了。

♥ 6.1 專案管理的定義

　　「專案」根據美國專案管理學會（PMI）的定義：「是指一項暫時性的任務、配置，以開創某獨特性的產品或服務。」而「專案管理」根據美國專案管理學會（PMI）的定義：「應用知識、技巧、工具與技術於專案活動的管理。」它經過起始（initiating）、規劃（planning）、執行（executive）、控制（controlling）和結案（closing）等五個階段達成專案需求。

　　而依照PMI出版的《專案管理知識體系指南》（PMBOK指南，2008）所提出的專案管理九大知識領域內涵如下：

1. 專案整合管理（Integration Management）。

2. 專案範疇管理（Scope Management）。

3. 專案時間管理（Time Management）。

4. 專案成本管理（Cost Management）。

5. 專案品質管理（Quality Management）。

6. 專案人力資源管理（Human Resource Management）。

7. 專案溝通管理（Communication Management）。

8. 專案風險管理（Risk Management）。

9. 專案採購管理（Procurement Management）。

它架構了一個有效的專案組成、概念、管理及做法，輕鬆的將專案解構成數個群組，分成若干階段，使其容易運作執行。

而在2013年所公布之PMBOK第五版（PMBOK® Guide 5th Edition），PMI更將利害關係人管理（Stakeholder Management）加入其中，成為第十大知識領域。利害關係人成為影響專案成敗之重要議題，利害關係人管理亦躍升為專案管理另一關鍵。

♥ 6.2 專案管理金三角

專案管理的目標是按照指定的時間與成本，交付範疇內具有一定品質的標的物。專案管理的目的就是要在專案實施的過程中平衡時間

（time，或進度schedule）、成本（cost，或資源resource）與品質（quality，或性能performance）三大指標。

每一個專案（婚禮）都會在時間（婚期）、成本（預算）和品質（婚禮結果）受到限制，這是專案成功的三限制（triple constraints），又稱為專案管理金三角。想要一個成功的專案，就必須同時考量時間、成本和品質三要素，然而這三個要素之間經常互相衝突，因此專案

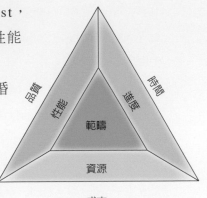

專案管理金三角

管理的目的就是在這三者間進行權衡，以確保達到進度快、成本低、品質好的成功專案，也就是要做好時間管理、成本管理與品質管理。

通常專案管理除了時間、成本和品質三要素之外，確認專案範疇（scope，或規模）也是相當重要的，也就是專案管理的第四個指標，範疇會與交付標的物相關，使得範疇可以與時間、成本和品質相互折衷平衡。

6.3 專案的共同特徵

不同的專案領域在內容上會有不同特性，但是在本質上，專案還是具有共同特性，無論是研發專案、開發專案或是服務專案，都可歸納出下列特性：

一、目標特定性

專案需要有一個或一組明確的目標（objective），各目標需相互聯繫，不可相互衝突。例如：

1. 時間目標：需要有明確完成時間，就像婚宴的時間是確定且不輕易變更的。
2. 成果目標：要能提供明確的產品、服務或其他成果，例如一場婚禮的規劃與執行。

二、整體性、系統性

專案往往由數個子專案或數個單位所組成，透過彼此間的緊密聯繫與分工合作，發揮專案的整體功能，達成目標。一如婚禮中，需要有婚禮顧問、新娘秘書、婚禮記錄、餐廳、會場布置等共同完成。

三、暫時性、時限性

專案通常是一個暫時性（temporary）的任務，任何專案都必須要有開始與結束的時間，有確定的期程。專案必須是暫時的、有時限的、完成的、有始有終的任務，專案的時限性有時也代表著一次性，不反覆進行，恰似人生中唯一一次的婚禮。

四、獨特性、唯一性

專案是屬於一次性的任務，通常不能以相同的方式重複，也不會有完全相同的兩個專案，這就是專案的獨特性，所以不會有兩場一模一樣的婚禮。實施專案的最終目標，是追求專案的成功，但是多數人同時從事一件未曾做過的事，還須一舉成功，就需要有更多更細膩的規劃與有經驗的專案領導人。

五、逐漸完善、漸進明細

因為無法預見專案的產品或服務，在初期時僅能進行粗略的定義與規劃，隨著專案的進行才能逐漸完善（progressive elaboration）與精確，這意味著整個專案會經過不斷的修改。因此在整個改變的過程中要注意遵循專案的範疇，不要過度的偏離，以免對時程與成本造成重大的影響。同時須嚴格監控各種始料未及的意外與風險。好比在婚禮的規劃中，需要按部就班將所有的流程與資源收編，而在這個過程中所產生的雜音與意見往往有許多調整與爭議，面對這些四面八方而來的意見要逐一釐清、完善然後漸進的完整。

六、不確定性

由於每個專案都是暫時的、獨特的，需要隨著專案的進行逐步完善，因此專案的高度不確定性（uncertainty）會直接導致規劃工作的困難。所以專案的工作規劃需要能假設未來活動的不可行因素，將之先行規劃，讓專案在行進過程中，逐漸完善，消弭這些不確定性。最常發生在婚禮規劃初期，多數的人、事、物會因為時間、預算、時程等因素無法一次到位，需要經過多次的協商才能逐一確認。

七、不可逆轉性

專案的實施是透過依序完成一系列的任務，來達成專案的目標，因此具有不可逆轉性。所以必須確保專案的一舉成功，因為專案一旦失敗，再無重新執行原有專案的機會。好比一旦婚禮執行失敗，留下的將只有遺憾，無法重來。

❤ 6.4 婚禮的專案管理十大知識

專案知識是一個包含規劃、執行與衡量結果的流程，是一個承襲前人經驗的專案管理過程，透過一個整體性的邏輯做表達，讓它結構化、系統化。而婚禮專案管理更是符合創新的十大知識領域。

婚禮專案管理

婚禮專案整合管理	在實現婚禮的過程中，確保婚禮中不同的要素能相互協調配合，且在遇到預估外狀況時，能夠在成本、時間與風險之間加以調整。同時制訂婚禮的流程規劃、風格設計、執行人員名冊。包括婚禮專案實施過程中的變更及控制。
婚禮專案範疇管理	將工作劃分為適合執行與管理的單位，是專案範疇管理的工作重點，找出哪些工作隸屬於該次專案的範疇，該執行到何種程度，婚禮的流程、時間表、執行規劃人員配置、搭配廠商等。
婚禮專案時間管理	針對完成婚禮所需的時間予以規劃、排程。推估出工時單位數，並估算完成婚禮所需資源的種類與數量，藉此制定相關的進度表與文件，以方便專案進行時的進度控制。 時間管理可依婚禮規模，決定進度規劃的詳細程度，以切合婚禮的實際需求。
婚禮專案成本管理	成本管理包含婚禮涉及的費用規劃、估算、控制，以確保能在新人的預算內完成婚禮。在估算婚禮所需的資源相關費用後，則須合計各個活動的估算費用，以建立費用基準。成本管理必須控制成本偏差和因應變更。除了盡可能要達成婚禮預估的成本之外，有時也必須考量婚禮服務的品質、新人的夢想與雙方家長期待。
婚禮專案品質管理	婚禮是否成功，除了在預定的時間和預算內，達成預定目標之外，另一個關鍵則是婚禮的品質。如果沒有讓新人難以忘懷，讓前來參與的親友感同身受，都不能算是一個成功的婚禮規劃。沒有感動的婚禮，難以延續口碑，創造契機。

婚禮的專案管理十大知識

婚禮專案人力資源管理	一個成功的婚禮，必須在短時間內集結多樣的專業人才，因此在人力資源調度上，適才適所的搭配相形重要。尤其是相關於「人」的檔期，例如婚攝、新秘、主持等，更要保守。
婚禮專案溝通管理	在婚禮的過程中，會有大量的溝通行為，正式的、非正式的，書面的、口頭的，溝通管理的要點，在於及時用適當的方式，產生、傳播、儲存、查詢整個婚禮所需的訊息。 因此必須讓婚禮執行人員與新人對於溝通訊息的方式、格式頻率等有共同的理解和應用，才能確保訊息能成功、有效、正確地傳遞給需要的人。
婚禮專案風險管理	專案風險管理包括風險管理規劃、識別、分析、應對和監控的過程，它的目標在於增加專案積極事件的影響，降低消極事件發生的機率。由於婚禮的過程繁瑣，因此首先必須要判斷哪些事情會影響到婚禮的正常運作，事先提出因應方法，以避免突發狀況的產生，提高婚禮專案的成功機會。
婚禮專案採購管理	由於婚禮需採購的項目繁瑣，在進行過程中部分產品或服務，建議外包給第三方在成本或時間上較為適合，此時就必須針對這些行為進行採購管理。採購管理必須規劃採購與發包事宜，針對欲採購的項目詢價，以及選擇賣方。此外，外包涉及雙方買賣之間的合約，採購管理也必須涵蓋管理合約，以及在專案結束後，雙方的合約收尾工作。
婚禮專案利害關係人管理	確知利害關係人是讓婚禮專案管理順暢進行的重要關鍵，明確知悉利害關係人的需求、喜好、預算、涉入狀況、影響程度，可以提升婚禮專案管理成功的機率。

婚禮的專案管理十大知識

7

婚禮專案管理的工具

♥ 7.1 心智圖優勢

　　心智圖是一種最符合人類思考模式與專案管理的筆記法。可以讓複雜的問題變得非常簡單，將所有的枝節與架構同時呈現在一個頁面上，一目瞭然，容易發現問題的癥結與格局上的缺漏，培養全腦式的思考習慣，也就是同時有左腦的理性邏輯與右腦的思考創意。

　　它的另一個巨大優勢是隨著問題的發展，可以幾乎不費吹灰之力地在原有的基礎上對問題加以延伸、修改，增強創意與分析的能力，同時容易熟記流程、分類和品項，最適合運用在複雜多細節的婚禮過程中。運用心智圖可以有下列優點：

1. 提高在婚禮專案管理工作中的時間管理效率，快速劃分職責，明確職務內容。

2. 讓繁瑣複雜的問題變得清晰，利用科學系統的思維演練，提升工作效率，大幅減省時間。

3. 能夠有效率的溝通，確切表達流程與細節，讓新人與工作團隊清楚瞭解工作項目與定位。

4. 與新人溝通時，能夠明確深入，迅速確實掌握新人需求，快速收單。

5. 標準化作業工具，減少管理成本，提高獲利效益。

比起單純的使用文字或表格，心智圖可以運用圖像輔助思考，利用

色彩區隔作用，圖像記憶能加深整體印象，利用左右腦相互輔助，對記憶與規劃有莫大的幫助。

7.2 心智圖運用

因為心智圖可以將繁複的工作流程展開在同一個平面上，透過運用心智圖的功能，基本規則，能夠引發創意，掌握關鍵問題，同時找出思考輔助線提升創意力，強化記憶，更可引用在職場上強化學習、會議管理、廣告創意、研發創新管理。

而中國人的婚禮流程本就繁複且多樣化，習俗禁忌各地不同，需要的備禮更是五花八門，琳瑯滿目，面對這些繁多瑣碎又不可忽視的項目，表格化的管理已不敷使用，但心智圖能將這些繁複的表格整合在同一個平面上，即便有再多的分支，亦能清楚明瞭，一目瞭然。

運用心智圖，從一早新人雙方的準備工作、參與的工作人員、聯絡方式、時間、工作內容細項、流程和前置作業等均可一一呈現，於工作會議結束後人手一張，婚宴細節化繁為簡，脈絡清晰可循，整個工作團隊可互相知悉每個人的職掌，該負責的範疇，於突發狀況發生時亦可以互相支援，立即解圍。

以下是結合通訊錄、時程表、流程表、工作分配表、準備明細之大成的迎娶流程心智圖，以及綜合婚宴前置作業、賓客與新人進場、儀式進行等活動之婚宴流程心智圖。

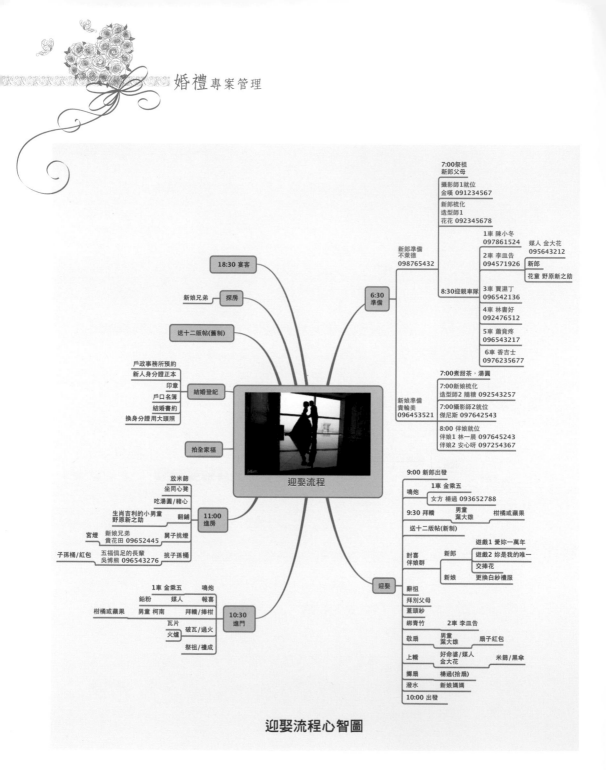

迎娶流程

- 18:30 宴客
- 探房 — 新娘兄弟
- 送十二版帖(舊制)
- 結婚登記
  - 戶政事務所預約
  - 新人身分證正本
  - 印章
  - 戶口名簿
  - 結婚書約
  - 換身分證用大頭照
- 拍全家福
- 11:00 進房
  - 放米篩
  - 坐同心凳
  - 吃湯圓 / 精心
  - 翻鋪
  - 生肖吉利的小男童 野原新之助
  - 鬮子挑燈
    - 宮燈
    - 新娘兄弟 貴花田 09652445
  - 挑子孫桶
    - 子孫桶/紅包
    - 五福俱足的長輩 吳博熊 096543276
- 10:30 進門
  - 1車 金乗五 — 鳴炮
  - 鉛粉 — 媒人 — 報喜
  - 柑橘或蘋果 — 男童 柯南 — 拜轎/捧柑
  - 瓦片 — 破瓦/過火
  - 火爐
  - 祭祖/禮成
- 6:30 準備
  - 7:00祭祖 新郎父母
  - 攝影師1就位 金嘆 091234567
  - 新郎梳化 造型師1 花花 092345678
  - 新郎準備 不萊德 098765432
    - 8:30迎親車隊
      - 1車 陳小冬 097861524
      - 2車 李皿告 094571926
      - 3車 賈濕丁 096542136
      - 4車 林書好 092476512
      - 5車 蕭竟疼 096543217
      - 6車 香吉士 0976235677
      - 媒人 金大花 095643212
      - 新郎
      - 花童 野原新之助
  - 新娘準備 貴輪美 096453521
    - 7:00煮甜茶,湯圓
    - 7:00新娘梳化 造型師2 隨糖 092543257
    - 7:00攝影師2就位 傑尼斯 097642543
    - 8:00 伴娘就位
      - 伴娘1 林一晨 097645243
      - 伴娘2 安心呀 097254367
- 迎娶
  - 9:00 新郎出發
  - 鳴炮
    - 1車 金乗五 女方 楊過 093652788
  - 9:30 拜轎 — 男童 葉大雄 — 柑橘或蘋果
  - 送十二版帖(新制)
  - 討喜 伴娘群
    - 新郎
      - 遊戲1 愛妳一萬年
      - 遊戲2 妳是我的唯一
      - 交捧花
    - 新娘 — 更換白紗禮服
  - 辭祖
  - 拜別父母
  - 蓋頭紗
  - 綁青竹 — 2車 李皿告
  - 敬扇 — 男童 葉大雄 — 扇子紅包
  - 上轎 — 好命婆/媒人 金大花 — 米篩/黑傘
  - 擲扇 — 楊過(拾扇)
  - 潑水 — 新娘媽媽
  - 10:00 出發

迎娶流程心智圖

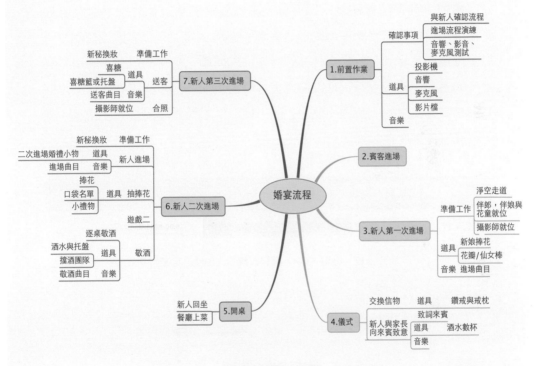

新秘換妝　準備工作
喜糖　道具　送客
喜糖籃或托盤
送客曲目　音樂
攝影師就位　合照
7.新人第三次進場

新秘換妝　準備工作
二次進場婚禮小物　道具　新人進場
進場曲目　音樂
捧花
口袋名單　道具　抽捧花
小禮物
遊戲二
6.新人二次進場
逐桌敬酒
酒水與托盤　道具　敬酒
擋酒團隊
敬酒曲目　音樂

新人回坐　5.開桌
餐廳上菜

婚宴流程

與新人確認流程
進場流程演練
確認事項
音響、影音、
麥克風測試
1.前置作業
投影機
道具　音響
麥克風
影片檔
音樂

2.賓客進場

淨空走道
伴郎，伴娘與
準備工作　花童就位
攝影師就位
3.新人第一次進場
道具　新娘捧花
花瓣/仙女棒
音樂　進場曲目

交換信物　道具　鑽戒與戒枕
致詞來賓
4.儀式
新人與家長　道具　酒水數杯
向來賓致意
音樂

婚宴流程心智圖

7.3 專業婚禮專案管理師的規劃工具——心智圖

　　婚禮專案管理雖然是一個溫馨浪漫的服務產業，但是在執行時猶如一個現場直播的電視節目，既無法重來，也不能喊「卡」，因此在規劃時必定得精準、專業、錙銖必較。如何在這些繁瑣、複雜的過程中將這些訊息分類整理，同時有系統地歸納運用，是需要一些方法與工具的。全世界知名企業都在用的心智圖，便是一個方便上手、操作簡易的最佳工具。且看全球有多少產業都在使用：

產業	公司
運輸產業	美國航空、英國航空、殼牌、福特、勞斯萊斯、BP
IT產業	微軟、戴爾、HP、優利、思科、IBM、美商甲骨文
通訊產業	美國百工、漢威、NOKIA、西門子、美國電信
民生產業	可口可樂、NIKE、嬌生、輝瑞藥廠、希爾頓集團
金融產業	美國運通、蘇黎世保險、瑞士信貸集團、HSBC
教育產業	英國牛津大學、英國布里斯托大學、美國科羅拉多大學

　　在於實務用上，更能將WBS（Work Breakdown Structure Dictionary）工作分解結構、時程表、魚骨圖等結合在同一個頁面上，方便探討、發現問題及除錯。

　　心智圖是由英國腦力開發專家東尼・布贊（Tony Buzan）先生在1970年代所創，是一個將思考、資訊、印象，利用關鍵字、圖像整理在一張紙上的放射狀筆記，容易記憶、整理、記錄，同時可以方便思考、完整討論、有效溝通，因此常被比喻為「思考的瑞士刀」。率先引進心智圖法的浩域企業管理顧問有限公司孫易新董事長認為，心智圖也就是大腦的地圖，利用左右腦的功能互相協助，讓注意力、記憶力、創造力等各方面一併提升，將大量的資料做系統化的整理，讓使用者能自由地激發擴散性思維，發揮聯想力，又能有層次地將各類想法組織串連起來，方便運用。

8

婚禮專案管理前準備

在正式啟動婚禮專案前，如何成功擄獲新人的心思取得合約，是婚禮專案管理師最重要的一件事，透過專業的諮詢與訪談，確實瞭解新人的需求與夢想，提出可行而符合預算的建議，達到雙方的共識，從接觸新人到完成簽約通常會經過下列流程：

♥ 8.1 訪談

初次與新人進行訪談時，需要多聽取對方的需求，多數新人對婚禮的概念懵懂，通常只專注在婚宴現場的細節，殊不知其中工程的浩大，可透過「新人基本資料」（附錄一）和「Love Story」（附錄二）等表格與問卷的填寫，在過程中予以引導及建議，同時協助細節上的思考，以期達到雙方的共識。

而在敏感的婚禮預算上，大家都知道結婚會花錢，對於「要花多少錢？」、「花什麼錢？」卻不甚瞭解，準備結婚的新人可以透過預估與婚禮專案管理師的建議，知道自己需要準備多少結婚資金。在幫助新人擬訂預算時，透過「婚禮費用診斷書」（附錄三）就可明確清楚的知道資金的運用及流向。

♥ 8.2 提案／報價

　　在確認新人的需求與理解後，可進行初步的提案與報價，通常可提供2～3組提案配套供新人選擇，不同的風格、套裝內容與價位，運用圖像、表單、作品案例充分解說，讓新人確實瞭解合約內容及權益，安心簽立合約。

♥ 8.3 簽約

　　即便是已經簽完合約，在整個婚禮規劃的過程中，修改調整難免，因此在合約內應依照每個項目的需求逐一詳加說明，減少模糊用語，以維護雙方權益。

9

婚禮專案管理的啟動

　　結婚的關鍵是要遇上「對的人」，而為了不讓兩人決定攜手走上紅毯時變成一場災難，這個對的幸福工程掌舵者相形重要。從決定結婚開始，一直到婚禮結束，這當中的林林總總、枝微末節也不遜於一本《六法全書》了，如何在時間、預算、資源有限的情況下，依據新人獨特的目標、心裡的期望，圓滿成功的達成目標，就是婚禮專案管理的重要目的。

♥ 9.1 婚禮專案管理的流程與步驟

一、五大流程

　　在確認合約完成後，就要正式啟動整個婚禮的專案管理了。一個完整的婚禮專案，可分為下列五大流程：

　　婚禮專案管理的啟動是團隊與新人共同開始規劃婚禮的重要過程，依照先前擬定的合約內容制定並確立與新人的共識，同時將預算、角色分配、職責歸屬、權利和義務說明、配合廠商等，將新人的需求概念變成一個具體的、可行的婚禮專案，就可以正式啟動了。

二、啟動步驟

　　一個婚禮專案的啟動，需要有幾個步驟：

步驟①：確定利害關係人

　　婚禮是為了讓新人跟家人有一個難忘、幸福、甜蜜的過程與回憶，因此在過程中出現異議時，該依循誰的決策與想法？主導權是在新人還是家人？習俗不同時要依照男方還是女方？明確利害關係人的需求與期待，會讓執行婚禮專案過程事半功倍，皆大歡喜。

步驟②：明確婚禮專案需求

　　面對新人對婚禮天馬行空的期待，婚禮專案管理人除了浪漫的情懷外，一定要對範疇、時間、成本、人力規劃、風險、溝通、採購有明確的定義與訴求，才可避免在婚禮執行過程中，與新人認知的不同，徒增不必要的風險與摩擦。確認新人的需求、期望，運用圖片、數據與文字說明，確切的表達與分工。

步驟③：完成婚禮規劃書

在執行整個婚禮過程中所需要的時程表、流程圖、「籌備人員名稱與配置」（附錄四）、「婚禮籌備人員名單」（附錄五）均應出爐。

9.2 婚禮的前置作業

如果時間充裕，通常建議婚禮的籌備期在6～12個月為宜，依照新人的需求，籌備與規劃的事項所需的時程不同，費時較長的例如：新居、新人調整身型、美容，或是擇日、熱門結婚時段的婚宴會場訂定，都可能延長婚禮籌備期。茲依照婚禮所需，將前置作業整理繪製如婚禮的365備忘錄。

婚禮的365備忘錄

10

婚禮專案管理的規劃

♥ 10.1 婚禮規劃

在取得合約並完成初步婚禮流程跟範疇的共識後，工作團隊就開始規劃整個婚禮流程的細項與範圍，婚禮的形式、主題、流程、細節等詳加討論，依照新人的需求、期待與預算逐一進行，同時提供新人完整切確的書面報告。

♥ 10.2 婚禮中的「要」與「不要」

一場婚禮，如何在琳瑯滿目的品項中，依照每對新人對婚禮的需求，提供最適切最貼心的服務，來完成新人對婚禮的夢幻期待，是身為專業婚禮人的重要課題。人生只有一次的重要場合，慎重挑選及比價是必修的功課，對於新人來說，一場婚禮到底該花費多少錢？花在哪？該怎麼花？並沒有一個制式或明確的範本，因此對於沒有經驗與概念的新人而言，正確的資訊與數字格外重要，再加上新人的結婚費用來源可能會有父母或親友贊助，額外需要考量的觀感與意見相形更多、更複雜，如何精準使用每一筆預算，考量著新人的荷包與願望，「婚禮費用診斷書」（附錄三）可以是一個值得參考的溝通工具。

依照整個婚禮流程來思考，在眾多需求選擇中，可區分為婚禮「需要的需求」與「想要的需求」。

婚禮的需求

一、婚禮中「需要的需求」

　　也就是所謂的基本需求，是指婚禮普遍會產生的過程、儀式或行為，大部分的新人都會依循的軌跡，雖然沒有硬性規定，但因為符合新人結婚時的需要與喜好，所以多數新人也歡喜跟隨，一般來說，會有喜帖、婚宴、喜餅、婚戒和婚紗攝影等需求。

婚禮中「需要的需求」

(一)喜帖

Wedding Invitation，原是結婚時周公的六禮書之一，又稱「團書」，當訂婚完成時公告親友的書柬，因應各個時期的需求，可分為：

1.訂婚帖：於訂婚時前由女方發給親友。

2.親家帖：女方邀請男方家長所用。

3.結婚帖：由男方於結婚宴請賓客時使用。

4.訂／結婚合帖：訂／結婚同一日舉行時所用。

5.歸寧帖：於女方歸寧時使用。

6.丈人帖：亦稱親家帖、親翁帖，男方邀請女方家長時用。

7.母舅帖：邀請女方舅舅參加婚宴的喜帖，北部習俗僅需親送給最大的舅舅，中南部則每一位舅舅均需以母舅帖邀請。

十二版帖

**確認婚禮參加人數是個大功課,附上回函卡
不僅可以更顯慎重,也能更精準掌握出席的
來賓人數　圖片提供:愛禮喜帖**

　　一般來說,親家帖、丈人帖、母舅帖均為折成十二版折形式,因此
又稱為「十二版帖」。

　　雖然電子喜帖方便迅速,設計新穎,又可省去郵資費用,但訂/結
婚畢竟是人生大事,多數人還是會希望以喜帖通知喜訊,以表尊重與重
視。

選購與分送喜帖時之參考原則

數量	估計出席的親友人數計算預計發出的喜帖，通常建議再多加10%的數量印製，以避免寫錯或寄錯
預算	因為印刷與設計的蓬勃發展，喜帖的種類與數量繁多，價格的落差也不小，可依照預算來挑選喜帖的樣式，別忘了要加上郵寄的費用。
內容	新式的喜帖有些約定俗成的內容，雙方新人與家長姓名、日期、宴客地點，乃至於地圖、乘車指南與停車資訊等均可附上。
時間	考量郵寄的時間及與會來賓的行程安排，建議可於婚禮前三週寄出，並於婚禮前一週確認，以確實掌握來賓人數。
對象	發送喜帖向來學問大，該發給誰？不該發給誰？確實需要審慎思考，一般來說，相互參加過婚禮的親友、一起工作的新舊同事、尚有聯繫的同學等，都是適合發送喜悅並分享幸福的。

(二)婚宴

　　一年僅五十二週，而且假日適合結婚的好日子有限，因此對於宴客場所講究的新人，建議一年到一年半前就可預訂心儀的宴客場地。熱門的宴客場地炙手可熱，新人一生一次的宴會場可不能馬虎，尤其婚宴又是占婚禮預算最大宗的部分，因此在菜色與場地的選擇上，不可不慎。

　　依照新人理想婚宴調查結果，50%新人喜愛精品飯店，40%傾向主題婚宴會館。新人在意的是婚宴流程與整體氛圍，而家長重視氣派場地與宴客菜色，因此建議新人在選擇婚宴場所時須考量婚期、交通的便利性、婚禮儀式的風格、宴客人數、預算等各方面。

婚禮專案管理

選擇婚宴場所之注意事項

注意事項	內容
婚期	越來越多的新人將婚期定在特殊的節日上，元旦、情人節、520、1314等，除了方便記憶，數字上所隱含的意義也讓新人格外甜蜜，當然宴客場地更是一位難求，若無擇日上的禁忌與偏好，或是沒有較充裕的籌劃期，較少新人結婚的月份（如1、3、7、8月）會有更大的空間與優惠。
地區	84.3%的新人宴客最先考量的問題是地域性，交通的便利性與否會考驗參加婚禮的意願，因此通常會選擇在居住地區附近，如果新人雙方是異地戀情，則可以選擇兩地分開宴請。宴客場地的交通動線與停車便利性，均須列入考量。
風格	依照喜愛的婚禮儀式型態、風格，挑選合適的宴客場地。
宴客人數	參與宴會的人數多寡，亦會影響宴客場所的選擇。
預算	確認價格是否在預算內，才可妥善運用結婚經費，也不會造成新人壓力過大。
服務	選擇有口碑的婚宴場所，服務品質、態度與食材新鮮衛生度較有保障，尤其台灣人嗜吃海鮮，飲食安全更需謹慎。
設備	婚宴場地空間是表達婚禮主題的關鍵，除了安全的宴客場所，亦需確認是否提供婚宴當天所需硬體設備，如燈光、音響及投影、舞台、基本布置等。此外，有無電梯、洗手間位置與清潔、餐具款式與新舊等細節，講究的新人也要多留心。
促銷	善用婚宴場所提供的促銷優惠套裝，不僅可為婚禮增色，更可節省預算。

氣派的場地是選擇婚宴場所的考量因素之一

　　在確定完上列選項後，選定適合的婚宴場所。目前婚宴場所的選擇多元，大抵可分類為星級飯店、婚宴會館、餐廳、外燴及其他各具特色的宴客場所。

婚宴場所之分類

等級分類	內容
星級飯店	擁有政商名流的排場，場地裝潢氣派、豪華且各具特色，服務溫馨、體面，菜色精緻豪華，各條件均在水準之上，雖說所費不貲，但可期待一場完美婚宴的演繹。通常會提供蜜月套房住宿、豪華禮車接送、親友住宿優惠、婚禮小物等。
婚宴會館	近年來，以婚禮規劃為主題的婚宴會館林立，搭配婚禮顧問群，以各種主題婚禮形式呈現，專業、硬體設備齊全、菜色道地、創意新鮮。可呈現時尚個性的主題式婚禮，相當受新人青睞。
餐廳	不想太講究排場，可以選擇以佳餚取勝的餐廳，料好實在，物美價廉，菜色談判空間大，透過婚禮過程的設計與巧思，搭配現場設計布置，一樣可以賓主盡歡。
外燴	人情味濃厚，不受宴客場地、人數局限，且有地方特色。
其他	婚禮主題鮮明、新人個性風格明確創意十足、想要有獨樹一格的婚禮形式，庭園咖啡、主題餐廳、牛排館、林蔭大道、速食店、私人會館、俱樂部等有特色或紀念性的景點都有不錯且成功的婚禮映像。

　　確認場地後，進一步洽談需要注意的事項，如菜色的選擇、婚宴場地的布置、交通動線與停車問題，以及其他細節等。

依照喜愛的婚禮儀式風格，挑選合適的婚宴場所

婚宴場所確認後之注意事項

菜色		中國人講究吃，因此宴客菜色格外重要，新人選擇餐廳時，55%會重視菜色，但雙方父母對於菜色的選擇會高達80%，建議新人可善用宴客場所提供的試菜服務，雖說口味會因人而異，但水準以上的菜色提供，肯定不易出錯。
宴會廳	格局高度	婚宴當下，瞬間湧入數百人的祝福，宴客場地選擇不可過度擁擠或曲折，應以格局方正為佳，如位於地下室或頂樓，更需注意樓層高度及通風，避免過於壓迫造成不適感，對於婚禮攝影也是一大挑戰。
	樑柱死角	觀禮是婚宴過程極為重要的一環，應該讓每一位參與婚禮的賓客均能融入歡樂的氛圍，不可冷落，主桌與舞台的位置，須避免被樑柱或死角遮擋，才能賓主盡歡。
	桌椅擺設	座位的安排與擺設，向來是宴會中的大學問，在長達數小時的婚宴過程中，互動聯誼難免，因此座位間距與動線不可過度狹隘，影響上菜安全與賓客活動。
	進場動線	新人進場是婚宴重頭戲，進場走道與敬酒動線需精心規劃，運用巧思使其順暢並能與賓客互動。
	新娘休息室	除了宴會場所外，新娘休息室是新人與賓客互動、拍照最多的地方，同時也是新娘更衣、換造型的重要地點，與宴會廳的距離、燈光、盥洗設備、空間大小、電源提供、鏡子、座椅、點心茶水、使用時間等均須列入考量。
交通		大眾運輸交通工具便捷或提供專車接駁
停車場		確認宴客場所停車場容納量、停車時數及周邊停車場，畢竟參加婚宴還讓親友為了停車而費神，是一件失禮的事。
其他		確認簽約內容、優惠方案、菜色詳細內容與升等、水酒的提供，以及婚宴場地的布置／配備／人員。

新人進場是婚宴重頭戲，進場走道須精心規劃

部分宴客場所也會貼心的提供新娘餐點或新秘餐點

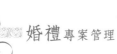
婚禮專案管理

(三)喜餅

喜餅是公告喜訊的首部曲，在傳統習俗中，更攸關雙方家長與新人的「裡子」與「面子」，因此喜餅的選擇要大方得體，當然也要兼顧新人的喜好與品味，才能相得益彰，賓主盡歡。

囍餅禮盒   喜米是喜餅之外的新選擇

圖片提供：財團法人喜憨兒社會福利基金會喜憨禮購物城 http://www.careus.org.tw

選擇喜餅之注意事項

數量	先統計大約會送出的喜餅數量，有些傳統送餅的習俗，會將大餅與小餅的數量分開統計。
價格	先估算出單盒喜餅的價格預算，才有助於在挑選時能在茫茫「餅海」中做決定。
口味	目前喜餅的種類極為多元，有中式、西式、日式、法式、歐式、客製化組合等，依照新人與家長的喜好，可自由搭配。一般來說，多數新人家長喜愛中式喜餅的好意頭，但新人偏好西式喜餅，因此多數廠商均有提供中西合併的包裝，滿足新人的需求。
保存期限	中式喜餅的保存期限多在一週內，西式則將近一個月，若是在炎熱的夏天，更需要注意保存與運送的方式。
折扣	大部分喜餅的折扣會以數量來作為優惠的門檻，以50、100、150、200作為折扣的分區，不過因為市場競爭激烈，議價的彈性空間較小，也有反應快速的新人，以合購的方式，取得更優惠的價格。
贈品	喜餅提供的贈品多以訂婚儀式會用到的習俗為多，例如：禮香、禮炮、禮燭、四色糖／六色糖、喜糖、茶具組、托盤、喜糖盤、喜糖盒、婚禮小物等，可依需求選擇或折合成喜餅。
租借服務	是否有提供檻殼、首飾盒、喜糖盤等租借。
運送	運送時間、地點，是否需要費用？可否分地或分日寄送？有無門市取貨服務等。
試吃	多數喜餅均會提供試吃服務，甚至可外帶分享給家中長輩，方便選擇。

(四)婚戒

1477年，奧地利大公馬克西米連為了得到法國瑪麗公主的愛，但因為瑪麗太漂亮，追求的王孫貴族雲集，馬克西米連為此召集了很多謀士出謀劃策，最後有人提議，鑽戒象徵堅貞永恆的愛情，在公主的手指上戴上鑽戒便可以得到她的愛。後來，馬克西米連用了此辦法，而且果然靈驗，當他把象徵愛情的鑽戒輕輕地戴在瑪麗公主左手的無名指時，瑪麗公主應允了，從此開創了贈送鑽戒訂婚的傳統。在9世紀時，教皇尼古拉一世更頒布法令，規定男方贈送婚戒給女方是正式求婚所不可缺少的步驟。

而在中國傳統社會，未婚女子是不宜戴戒指的，如《北堂書鈔》中記載，在戰國時期南方的胡人便開始有著「始結婚姻，當然許者，便下同心指環」的習俗，因此戴了戒指，便表示心有所屬。

選一對美麗的對戒在結婚典禮中為對方戴上，一定會讓雙方永生難忘。由於婚戒是見證兩人愛情的信物，更是許下承諾的象徵，因此有故事性、具設計感、著名品牌光環、量身訂製等，都是選購的重點。講究的結婚戒總共要有三只，求婚戒（engagement ring）、訂婚戒跟結婚對戒／線戒（wedding band）。

♥ 求婚戒

泛指訂情戒，通常推薦鑽戒，除了悠久的歷史淵源與絕美的傳說，堅不可摧的鑽石也幾乎代表永世不渝的堅定愛情，而其珍貴稀有的特質，也成為特定與時尚的象徵意義。

鑽戒象徵堅貞永恆的愛情

♥ 訂婚戒

　　傳統的訂婚儀式上的互戴戒指儀式，象徵雙方互許終身，並由舊時的一金一銅戒指，演變至今為鑽戒與黃金戒指，兩只戒指以紅線纏繞，象徵兩人永結同心。

♥ 結婚對戒／線戒

　　通常是婚後雙方每天配戴在手上的，會考慮其實用、長戴與紀念性，通常可挑選設計較簡約，材質不易磨損，不影響雙手工作為宜，亦可在戒指上刻下兩人的印記，更具意義。

婚戒是見證兩人愛情的信物

根據伊莉莎白一世史料中記載，訂婚時將戒指戴在右手無名指上，於結婚儀式時摘下來改戴在左手的無名指上，相傳左手無名指的「愛情之脈」直達心臟，此指與心臟相連，最適合發表神聖的誓言，因此，將婚戒套上無名指時，會最接近對方的心底深處，與心相連的婚姻最牢固，代表一生相愛的證明。演變至今則成為求婚戒指一般戴在左手的中指，結婚戒指戴在左手的無名指，當然其中也因為多數人習慣使用右手，戒指戴在左手指可減少磨損，常保如新。

左手戴戒指在國際上通用之涵義

食指──想結婚，表示未婚

中指──已經在戀愛中或訂婚

無名指──表示已經訂婚或結婚

小指──表示單身或離婚或將抱獨身主義

(五)婚紗攝影

自1840年維多利亞女王結婚時穿著裙
襬長18呎的白色長禮服之後，白色婚紗就
成了人們爭先仿效皇室的新娘禮服首選，
而拖襬的長度也成了新人財富的象徵，
1980年代英國黛安娜王妃結婚時的禮服甚
至長達25呎（http://en.m.wikipedia.org）。
白色婚紗代表內心的純潔及像孩童般的

雋永的黛安娜王妃婚禮

網路資料照片

天真無邪，之後逐漸演變為童貞的意象。目前全世界最長的婚紗是義大利
知名婚紗品牌Gianni Molaro，在2012年用大量的絲與紗，做出全長達1.86

英里（約2,993公尺）的婚紗，成功刷新荷蘭之前所保持的紀錄，獲得金氏世界紀錄認證。

至於新娘頭上的頭紗，需於交換戒指與牧師見證後，由新郎揭開，且只有第一次結婚的新娘可以披蓋頭紗。

緣起於西方的白色婚紗，在美國，結婚典禮前是不能被新郎看見的，因此通常在典禮當天才會曝光。不過東方社會沒有此項忌諱，因此演變成婚前就會拍攝好婚紗照片，於結婚當天供親友觀賞。

♥ 傳統婚紗攝影

台灣婚紗照的水準是世界一流的，連香港、日本人都知道要拍最好的婚紗照就來台灣，近年來更是有不少內地新人組團前來，這已是台灣婚紗業者的自豪。九○年代之後，婚紗照更成為婚禮中不可或缺的一部分，是新人結婚的必然選擇。

除了是一生一次的經驗外，婚紗照圓了新人的明星夢想，實現了新人美夢成真的裝扮魅力，更留下了不可磨滅的「愛的見證」，近年來不少新人已不走浪漫唯美路線，另類婚紗、裸體婚紗、比基尼婚紗等大秀新人身材與創意，不過若是家中長輩保守，拍婚紗時還是要斟酌好。

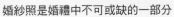

婚紗照是婚禮中不可或缺的一部分

婚紗照的組成元素

構思	除了傳遞結婚的喜悅，記錄兩人相識的過程，對未來的期許，共同建構的夢想都可以入鏡，成為真正有紀念價值回味無窮的婚紗照片。
服裝	除了白紗、晚禮服、個人風格的便服之外，近幾年cosplay也頗受新人青睞。
整體造型	化妝、髮型、配件、道具、有紀念性的小物、個人喜愛的收藏都可以一起記錄在這裡。
地點	可選擇室內或室外，並且與構思相搭配的場景或是對兩人有特殊意義的地點。
攝影師	是整個婚紗照的靈魂人物，手法、風格、使用的器材、情緒引導、取鏡，都將影響婚紗照的成敗。
後製	為了讓照片更有質感，除了校色、對比之外，透過影像編修軟體，能夠讓照片呈現出更好的視覺效果，雖說後製的運用一直有許多個人的偏好與爭議，建議要有充分的溝通後再使用。不過，攝影大師卡提耶‧布列松倒是下了一個很精闢的註解：可後製，但不沉迷。

　　而最佳拍攝時間大約是婚禮前3～6個月，拍攝跟選片有較充裕的時間，不必擔心因為天候因素改期，結果不如預期需重新拍攝，也不至於擔心時間拖太長，婚紗公司變數多。拍攝婚紗照過程，會有許多隱藏性的費用出現，因此選擇婚紗攝影前須瞭解清楚各應注意事項。

後製前

後製後

經過後製能讓照片呈現出更好的視覺效果

婚禮專案管理

選擇婚紗攝影之注意事項

規模	內容
大型婚紗（品牌婚紗）	婚紗款式多／樣式新，價格高，服務品質高，談判空間小。
中型婚紗	婚紗款式足以滿足需求，議價空間較大，服務較親切。
小型婚紗	婚紗款式少，議價空間大，服務素質不一，拍照風險較高。
地點	從拍攝婚紗照一直到婚禮結束，中間還有拍攝、選片、挑選禮服、修改、看樣等不下數十次接觸，因此婚紗攝影的地點還是以方便到達為宜。
風格	照片的風格、造型通常是新人挑選婚紗攝影最重要的一環，婚紗攝影是為了展現新人的特色，同時留下美好的回憶，因此多參考攝影師的作品，清楚後製的程度，與攝影師的相處都是拍攝出好照片的重要關鍵。
口碑	服務主宰了整個交易流程的感受，婚紗攝影的規模、服務態度與口碑都可在網路上略尋一二，才不致發生廣告與事實不符，成品與期待落差太大，甚至在婚禮前惡性倒閉的悲劇。
禮服	對於新娘而言，結婚典禮當天的夢幻婚紗是重頭戲中的重頭戲，一生一次的嫁衣豈可馬虎，禮服的新舊、款式的多寡、可以選擇的區域、搭配的飾品等，都需一一詢問，因為在激烈的競爭中，這些是業者隱藏費用的行銷方法之一。
包套內容	決定預算之後，就容易篩選出值得參考的婚紗攝影團隊，再依照自己的需求，調整包套的內容，清楚載明在合約上，一式二份。促銷折扣則要深入詢問，別被字面上的意義矇混了，所有的條件最好都在付訂前談妥。
付款方式	依照經濟部所公告之「婚紗攝影（禮服租售及拍照）契約範本」第十二條規定：業者收受之定金，其金額於不超過契約總金額的百分之二十範圍內，由雙方約定於附表。

　　除此之外，細節的部分亦不可忽略，確定屬意的婚紗公司後，一定要詢問清楚所購買的內容細項。

婚紗攝影內容細項之確認

基本組數？大本相本尺寸？相簿及相框可選的區域？
電子檔是否全部都贈送？
加選單價？尺寸？
謝卡／親友卡／照片喜帖／贈送數量？
加洗謝卡／親友卡／照片喜帖價格？
放大照數量／尺寸？是否含框？可否更改為其他贈品？
娘家本尺寸／口袋本尺寸？
加贈週年照或全家福照是否含造型？
結婚當日周邊商品品項與數量（捧花、車門把花、胸花、車綵、禮金簿、簽到簿、簽名綢、結婚證書、名條、十二版帖、母舅帖、絹扇、春花、紅包袋、畫架等）？
贈品內容？可否更換？
可否試妝？
可否更換服務人員？
安排與造型師、攝影師事先的溝通？
指定攝影師／造型師價格？
造型師額外加價部分（鐘點、造型品、保養品⋯⋯）？
可選禮服數量？分區限制？

造型數？預定拍攝組數？
試穿禮服時可否以相機拍照？
拍攝當天是否提供鮮花？
新進禮服通知？
拍攝當天親友可否同行？可否拍攝花絮？
二日拍攝是否需要加價？
拍攝當日場地費計算？交通費計算？餐飲費計算？
外拍地點？
拍攝道具？
照片不滿意可否「重拍」？什麼情況下可以重拍？
訂／結婚禮服的成套飾品挑選（耳環、項鍊、頭紗、兔毛披肩、手套等）？
美編有否需要加價？
新人訂／結婚禮服套數？花童服？伴娘服？
訂／結婚加選禮服如何計算？
選定禮服若看到更合適的款式，可否更換？是否會加價？需多久前確認？
訂／結婚禮服何時可取件？何時需歸還？配件如手套、車綵等，哪些需歸還？
選定的禮服當天無法出件，公司如何處理？
下訂後選不到滿意的禮服，婚紗公司如何處理？
有無其他特殊的規定需配合？額外收費？
付款方式可否刷卡？何時需付清尾款？

　　從雜誌、網路蒐集喜愛的婚紗照片，提供給婚禮顧問，讓專案經理人瞭解新人的品味、需求與預算，針對新人的特色挑選合適的婚紗、攝影、禮服更是輕鬆明智的抉擇。

♥ 自助婚紗攝影

　　近年來崛起的自助婚紗，更是強調客製化與獨特性，2013年台北文創還特別舉辦了「自助婚紗很有FU」活動，讓新人瞭解如何透過各種平台取得資源。自助婚紗多為一般工作室型態，新人有更多的主導權跟意見參與，入鏡的題材更可依新人的喜好與需求量身訂製，但相對的，想要擁有令人難忘的回憶與記錄，勢必得付出更多的心血與預算。別以為自助婚紗可以節省經費，有水平的自助婚紗可能會花費更大，傷神更多。

自助婚紗可以跳脫傳統婚紗的各種框架，對於有創意跟想法的新人，
完全可以自主的拍攝方式最適合了

二、婚禮中「想要的需求」

　　通常是在婚禮中的特殊需求，依照每對新人的差異性，給予客製化建議或其他創意與創新的活動內容，強化婚禮的完整度與質感，在眾多特殊需求中，婚禮顧問、新娘秘書、婚禮記錄、婚禮主持人、蜜月旅行、婚禮樂隊、婚宴會場布置等，最受新人的喜愛與採用。

想要的需求

- 婚禮顧問　　・新娘秘書
- 婚禮記錄　　・婚禮主持人
- 蜜月旅行　　・婚禮樂隊
- 婚宴會場布置　・其他

婚禮中「想要的需求」

　　針對這些特殊需求，新人在選擇時該注意的細節，身為一位專業的婚禮專案管理師，不可不知。站在為新人服務與把關的位置，貼心選擇最適合新人的每一項產品。

(一)婚禮顧問

在決定攜手共度一生後，就要開始著手規劃婚禮這個甜蜜神聖的儀式了，然後開始確定有多少範疇是想要委託婚禮顧問處理，有哪些是想親手完成，就可以開始遴選婚禮顧問的服務了。

一般婚禮顧問的服務範疇

婚禮顧問	客製化的婚禮諮詢、習俗溝通、婚紗與喜宴場地挑選建議、婚期籌劃行程安排、婚宴各專業人員推薦與安排、婚禮相關訊息提供；同時在婚禮行進中，掌握所有細節分配與危機處理。
婚禮企劃	針對婚禮當日專屬婚禮主題企劃設計、提供各種婚禮形式組合、婚宴流程規劃與周邊資源整合。
婚禮執行	完整的婚禮執行團隊，能充分的利用人力資源，依照所規劃的流程，完美控場。

新人可依照預算與需求，選擇最適合自己的包套服務。專業的婚禮顧問公司幾乎涵蓋新人在結婚相關事宜上的所有細項。婚禮顧問是一個整合性的產業，垂直整合所有與婚禮相關的服務。協助處理瑣事——省時；整合周邊資源議價——省錢；協調溝通各窗口——省事。

(二)新娘秘書

在婚禮大事上，新人當天是眾所矚目的焦點，當然要有匹配的造型與服裝，選擇一個貼心合適的造型師，可使新人在婚宴當天有巨星等級

的演出。新秘的選擇在於技術純熟、速度快、臨場反應佳還有整體的美感，所要花費的心思不亞於場地挑選，因此建議於選擇時應注意下列事項：

1. 選擇朋友推薦或參加過的婚宴場新秘。

2. 上網蒐集資料。新娘秘書通常會擁有個人作品集，或於各大入口網站購買廣告等，可參考之前口碑與現場作品集，唯需注意平面攝影作品與婚宴現場所呈現出的效果是不同的，同時也要確定作品是造型師本人所創作。

3. 試妝。強烈建議試妝，除了可確定是否是自己喜歡的妝感，也可清楚知道新秘使用的工具、溝通方式是否契合、服務態度是否熱誠有責任感，才可放心地將結婚當日最重要的造型設計託付之。

4. 造型溝通。可透過蒐集的圖片、已拍攝的婚紗照、喜愛的風格及當天選定的禮服與造型師溝通，減少認知上的誤差。

新娘秘書肯定是當天最為重要的幕後功臣，造型的好壞影響攝影的美感；服務的態度牽動新娘的情感；換裝的速度考驗主持人的臨場反應。有責任感、有經驗的新娘秘書，不但能安定新娘的心情，對於現場突發的大小事也能給予貼心的建議與處理，是婚禮當天幕後的靈魂人物之一。

選擇新娘造型師之注意事項

	依照婚禮當天的需求，可設定為：	
	單妝	只化一個妝加造型
設定預算	早妝加午宴	早上到府造型後，午宴換妝
	早妝加晚宴	早上到府造型後，晚宴換妝
	午／晚宴換妝	僅至宴會場換妝
	試妝費	試妝費用／是否可抵簽約金額
	媽媽妝／伴娘妝	媽媽與伴娘或親友淡妝／髮型
加價	新郎造型	新郎造型
	車馬費	跨縣市是否需要車馬補助費
	鐘點費	是否會有時段的鐘點費支出
	指甲造型	指甲油／彩繪／水晶指甲
服務內容	定價是否透明 是否陪同挑選禮服 更換造型數量 是否提供配飾 是否全程跟隨 是否同一時段僅服務一組新人	
付款方式	是否簽訂合約	

(三)婚禮記錄

　　根據一份網路調查顯示，「婚禮當天是否有請婚禮記錄？」，結果顯示沒有請婚禮記錄的只有3%，而只請婚禮攝影的有53%，只請婚禮錄影的有5%，婚禮攝、錄影皆有的39%。顯見，有想法的新人越來越多，而根據市場預估，有婚禮記錄需求的新人，約有兩成會選擇愛情MV短片的拍攝，且正快速成長中。

婚禮記錄的方式

方式	內容		
婚禮攝影	屬於靜態的照片呈現，攝影師的經驗與構思很重要，架構完整，熟悉流程，掌握氛圍，完整硬體設備，照片後製與交付是挑選重點，可多看幾位攝影師的作品與風格再做選擇。		
婚禮錄影	屬於動態的影片記錄	婚禮記錄	實況記錄婚禮流程、活動內容、儀式等。
		婚禮電影	採用高階攝影機拍攝，規劃分鏡並撰寫劇本，運用後製及影片特效設計，將婚禮過程以電影手法呈現。
SDE	Same Day Edit快剪快播，是時下最流行的拍攝手法，於宴會現場播放當日早上迎娶過程與花絮，讓來賓即刻感受與參與。		

　　大部分的新人都已經有婚禮攝錄影最好請專業人士來拍攝的概念，即便目前單眼相機普遍化與數位化，但是並非買了專業相機就會成為攝影師，更何況婚禮是一場無法重來的幸福見證，唯一留下來的除了回憶，就是照片了，如何捕捉瞬間的感動、親情的凝聚、新人的甜蜜、現場來賓的歡樂與精心設計的會場，而哪些流程一定得拍、哪些合照絕不可少、哪些人物一定要入鏡，這些專業的細節，不會因為照片的失敗而重來，在婚禮當天的激情結束後，記憶漸漸逝去，能夠細細回味的就只有這些影像了，因此慎選婚禮記錄的人員，可以延續這些甜蜜的悸動，餘味無窮。

　　好的攝影師能克服燈光與場地的差異，熟悉婚宴的流程與習俗細節，充滿藝術與美感的記錄下完整婚宴過程，並適時的引導拍攝新人與親友，讓照片與影片能夠串連且娓娓地訴說婚禮當天的愛情故事。多參考作品集，與攝影師充分溝通，盡量讓攝影師瞭解新人的習性與家庭生活習慣，都有助於拍出更真實、更貼近、更有生命力的影像。更重要的是，婚禮本質比畫面更重要，婚禮記錄不是拍攝偶像劇，它是真實的，不一定完美的，但是這些小插曲、瑕不掩瑜的小意外，都是最真切、最甜蜜、記憶最深刻的美好。

婚禮最重要的是過程,是最親愛家人的凝聚,過了今晚,唯一留下的就是珍貴的回憶與能串連成故事的影像

　　而婚禮除了邀請親友來幫兩人的愛情做見證，一同分享甜蜜幸福之外，對來參加婚禮的來賓「交代」兩人的戀愛故事，已經成了婚禮當天的重頭戲。透過影片的陳述，細數兩人的甜蜜點滴，創造感動的氛圍。但當日與會的嘉賓，除了新人的朋友，更有雙方家長的親戚，難得的聚會，如何面面俱到的引起共鳴，影片的內容、長度、播放的時機等，都在在的影響婚宴的氛圍。

　　在規劃婚宴時，建議新人就必須將影片播放安排在流程當中。因應新人的各式需求，加上3C商品的普及，且套裝軟體的容易操作，使得婚禮影片的種類越來越多元化、個性化且自製化。

謝親恩也是婚宴中催淚的活動

婚禮影片的分類

名稱	內容	播放時機
婚禮預告片	在決定婚期及地點後，首波主打片，可在電子媒體（如FB與YouTube）上搶先預告喜訊，讓賓客對婚宴的到來充滿期待。	婚宴前
婚紗MV	就是俗稱的嗑瓜子影片，在賓客入席等待開場期間，選擇分享新人的婚紗照花絮，可打發等待時間同時與賓客分享幸福和喜悅。	入席等待
婚禮開場秀	在主持人預告開席前，會由新人錄製一段婚禮開場MV，通常是以溫馨感恩的訴求歡迎與會的來賓，或是以Kuso逗趣的風格充滿驚喜地揭開婚禮序幕。	開場
成長MV	成長MV是介紹新人從小到大的成長記錄，將兩人從出生、求學、就業、交往的照片加上文字或音樂編輯成影片，挑選照片時，讓參加婚宴的同學及朋友入鏡，通常能引起共鳴，特殊的活動或生活體驗也會讓人驚豔，更可使現場賓客對新人有更深刻的瞭解。	第一次或第二次進場
愛情MV	又稱交往MV，是陳述新人戀愛交往的點滴。通常會由相識→告白→交往→求婚各階段串連，讓賓客瞭解兩人愛情的成長過程與攜手共創未來的堅定信念。	第一次或第二次進場或新娘第一次更衣空檔
感恩MV	又稱謝親恩MV，是將新人的成長過程和父母的互動製作成親子影片，通常最溫馨感人賺人熱淚，也是參與婚宴的長輩們最動心的一部，用來在婚禮上播放感謝父母的養育，同時踏上人生的另一個階段。	二次進場謝親恩儀式時或喝長輩茶時
婚禮微電影	最新的趨勢是以新人的戀愛故事為腳本，讓新人親自演繹兩人的愛情故事，用更好的記錄方式保留幸福的感觸，滿足新人的明星夢，同時量身打造只屬於自己的愛情電影，渲染幸福給與會的每一位賓客。	第一次或第二次進場

(四)婚禮主持人

　　一場婚禮的成功與否，除了每一個細節需要環環相扣之外，婚禮全程的另一個靈魂人物便是婚禮主持人，掌握婚禮的格調；控制婚禮的流程；帶動婚禮的氣氛，引導賓客能夠完全融入在新人精心打造的婚宴中，感受到新人的幸福與感動。一個好的婚禮主持人，可以讓婚禮進行更順暢、更完美、更賓主盡歡。

　　婚禮主持人與司儀最大的不同是——司儀可照本宣科念詞，只要讓儀式依序進行，流程順暢，但專業的婚禮主持人除了經驗豐富外，允文允武的主持風格，現場氛圍的掌控，處變不驚的行事態度，當機立斷危機處理，能為婚宴加分，貼近來賓與新人的心思，讓婚禮更令人永誌難忘。

(五)蜜月旅行

　　西元前2世紀的古條頓人為了慶祝結婚的儀式，會連續一個月喝一種蜂蜜酒（honey wine），因此衍生出慶祝結婚的假期就叫做honeymoon。在古時候，認為蜂蜜可以使身體健康並且提高生育能力，因此古歐洲新婚夫婦婚後的三十天內，每天都要喝由蜂蜜發酵製成的飲料，以增進生活的和諧。更因為古代英國條頓族有搶婚習俗，丈夫為避免搶來的新娘被其他的親人搶走，就在新婚期間帶著妻子到外地過一段隱居的生活，演變至今就成為蜜月旅行了。

　　而在不時上演的旅遊糾紛中，如何在台灣近三千家旅行社中，挑選

出適當的旅行社呢？

　　首先，合法是第一要件，可由下列三點判斷：

1.是否為合法登記之旅行社？

2.是屬於「綜合旅行業」、「甲種旅行業」還是「乙種旅行業」？以「執行業務」的差異來說，「綜合旅行業」及「甲種旅行業」可以承辦國內及國外旅遊行程，但「綜合旅行業」可以包辦旅遊或用自行組團的方式安排旅遊，而「甲種旅行業」只能以自行組團的方式安排旅遊，「乙種旅行業」則僅能承辦國內旅遊行程。

3.是否加入「中華民國旅行業品質保障協會」（簡稱「品保協會」）？「中華民國旅行業品質保障協會」於1989年10月成立，是一個由旅行業組織成立來保障旅遊消費者的社團公益法人，至目前為止旗下的會員旅行社，約占台灣地區所有旅行社總數的九成以上。加入「品保協會」，當發生旅遊爭議時，可以請求「品保協會」的協助，多一分保障。

　　再者，旅行業出團必須投保「責任保險」和「履約保證保險」，才能執行出團業務。因此，報名前務必確認該旅行社為合法旅行社，並已投保「責任保險」和「履約保證保險」以確保自身權益。

　　此外，在制式的行程表中，一定要確認所入住的飯店、交通、安排的行程內容、隱藏版的購物行程、購物商店的品質與產地，確保旅遊行程的安全與愉快。

　　身為婚禮專案管理師，需提醒新人於蜜月旅行前做好完善的規劃與準備，在結婚典禮完美落幕後，放鬆心情盡情享受，才能擁有甜蜜的兩人假期與回憶。

蜜月旅行需注意的事項

旅行天數	建議比旅遊行程多預留1～2天假期，可以調整心情，同時充分休息，新娘尤需注意身體狀況與生理週期。
旅遊方式	確定旅遊地點後可選擇跟隨旅行團或自由行，隨團行程雖固定，但細節均由旅行社打點完畢，可輕鬆隨行，不必費心規劃行程。自由行則需對欲前往地點做足功課，同時悉心準備過程中所需，注意自身安全與基本溝通能力，方可盡興，無經驗的新人，需考慮於籌備婚期當中，是否有餘力可進行。
預算	選擇符合預算的行程，不會造成負擔，又可玩得開心。
地點	依照預算與假期長短，選擇適合的地點，考量時差與溫度的適應能力、當地的生活習慣、安全狀況與消費水準。
旅行社選擇	慎選合法旅行社品質，同時多比較行程內容、價位、自費項目，打聽口碑，諮詢參加過的旅客，以確保自身權益。
前置準備	護照／簽證申辦（或確認效期）、旅行平安險購買、外幣兌換、旅行用品準備。

完善的規劃與準備，才能擁有甜蜜難忘的蜜月旅行

資料來源：由shutterstock圖庫授權使用

(六)婚禮樂隊

為了讓婚禮上氛圍更好，更具品味，於婚宴上提供現場演奏或演唱，亦是許多新人增加婚禮質感的選擇。一般婚禮樂隊可分為國樂與西式樂團，選擇樂團演奏時需注意場地、音響設備和曲目的安排。

婚禮樂隊之分類

國樂	中式樂器演奏，單人或多人，適合搭配優雅恬靜的婚禮風格、中國風主題式婚禮或宗教婚禮儀式。
西式樂團	可選擇純演奏或搭配歌手演出，各式樂器與風格可選擇，人數組合與表演內容搭配彈性高，可與主持或DJ搭配串場演出。通常風格可分為： ＊古典（以鋼琴弦樂重奏為主） ＊抒情浪漫（數位鋼琴以及其他樂器組合） ＊搖滾（爵士樂團）

樂團演奏之注意事項

場地	場地與舞台大小、是否挑高、燈光配置、是否有舞池和攝影專區等。
音響設備	婚宴場地硬體設備的提供與等級，若非樂團提供，需先勘場與試音。
曲目	＊合適的曲目與樂風 ＊與婚宴流程的搭配 ＊與主持人的搭配 ＊必要演奏與不要演奏的曲目

婚禮樂團在婚宴中是高級選購配備,要能烘托新人與來賓的品味,搭配宴客場所的氣勢,挑動與會來賓的情緒,貫穿婚禮流程的氛圍,搭配得當是浪漫婚禮的催化劑,能為婚禮加分。

(七)婚宴會場布置

新人對婚禮的高規格化同樣表現在婚宴會場,雖說近幾年婚宴會館對於宴會廳的主題設計均頗富心思,也會有基本的布置,但倘若新人想要營造自己喜愛的風格或是別具匠心的主題婚禮,要讓賓客一到現場就有驚豔的感覺,婚宴的現場布置還真是不可或缺,精緻的婚宴會場布置會讓賓客覺得參與了一場用心、受重視的饗宴,也能讓新人與賓客在絕美的環境中,留下更多的照片與回憶。

通常婚宴現場的布置可分為:

1.主題拍照區。

2.相片展示區。

3.收禮區。

4.入口處。

5.主桌。

6.客桌。

7.走道區。

8.舞台區。

　　新人可依照自己的預算與婚宴場地所提供的硬體設備,來增加或美化欲選擇布置的區域,若為主題式婚禮,主題拍照區與相片展示區通常是賓客最常合影留念的地方,而舞台區也會因為婚宴流程的各種活動而曝光機率較高,建議可以多加著墨。

精緻的婚宴會場布置,能帶給賓客更多的感動與回憶

婚宴中,主桌是全場注目的焦點,別出心裁的設計風格以及與賓客互動
的動線都需要深思熟慮

　　由於中國人的習俗，在婚慶場合極為喜愛鮮花布置，象徵有生氣且生生不息，部分族群甚至將鮮花納入婚聘的習俗贈禮之中，可見國人對花的喜愛，歷史悠久，源遠流長。但因為花材有季節與時令的限制，特殊節日時有特別涵義的花材價格往往水漲船高，好比母親節的康乃馨或情人節的玫瑰花，價格可以是平日的數倍，再加上進口花材的價格和品質亦不好掌控，因此溝通時除非新人有特殊需求指定，否則建議以色系及主題構思為主，盡量不要指定花卉品種或使用較為稀有的花材，以免造成爭議。

(八)其他

♥ 小物

　　婚禮西化後，西方習俗中新人與賓客互相送禮表達祝福的方式越來

小物的內容

伴娘禮	雖說伴娘多數會收到新娘致謝的紅包，在早期更會加贈手帕或手巾的小禮物，意味著能當伴娘的人選，多數為新娘的手帕交或閨密，現在則是選擇越來越多了，且因為人數不多交情深，通常會特地選擇伴娘喜愛的小禮物。
迎賓禮	置於入口主題區或禮金區，通常會與布置結合，可隨手取用的糖果或輕食。
入場禮	通常為新人二次進場時發給來賓的小禮物。
活動禮	為了達到賓主盡歡，婚宴中通常會有與來賓互動的遊戲以活絡氣氛，通常準備送給參與活動的賓客們。
送客禮	除了喜糖之外，越來越多的新人也會在送客時贈送來賓客製的小禮物，以感謝大家的蒞臨。

越受新人的青睞，因此開始有了各式各樣五花八門的婚禮小物，不僅增添了婚禮布置的豐富性，在婚宴過程中與賓客的互動、交流都更增添了熱鬧喜氣的氛圍，小物是一種心意，一份體貼，但是內容與數量必須精準才能皆大歡喜。

精緻的婚禮小物，
讓收到的每一個人都充滿囍感

圖片提供：囍感幸福作坊

絕不撞衫的星光大道禮服，妳一定是
婚禮現場的皇后

與你分享我閃閃發亮的幸福

圖片提供：Cookie Queens餅乾皇后，http://www.facebook.com/cookiequeens.tw

♥ 捧花

　　十五世紀的西方，沐浴並不普及，結婚當日使用鮮花的氣息，來掩飾新人的體味，再加上古代西方人認為，香料及香草可以驅除惡靈與不潔，因此更加入了大蒜或細香蔥，之後浪漫的男士在前往心儀的戀人處求婚時，便會沿途採摘鮮花製成花束，若女子答應時，則會收下花束，並摘下其中一朵插在男士胸前，就成了今日的捧花與胸花，也因此捧花與胸花通常都是一對的。

　　而珠寶捧花（Jewelry Bouquet）是因為新人在收到大家贈予的貴重飾品，無法一一帶在身上，因此將這些珠寶做成了婚禮捧花，不但令人驚豔，更象徵了永恆與不朽。

珠寶捧花讓握住的幸福變永恆

圖片提供：Infinity Wedding愛無限

新人視為幸福傳承的抽捧花遊戲中，讓未婚男士抽花椰菜的戲碼也挺受歡迎

10.3 婚禮形式

在歡喜確定結婚之後，選擇婚禮的形式便是首要的考量。無論是便捷有效率的公證結婚、溫馨端莊的中式婚禮、浪漫甜蜜的西式婚禮、莊嚴隆重的宗教婚禮、齊聚一堂的集團婚禮，以及時下最流行的主題婚禮，事前的溝通與規劃都需要協調雙方的家長、親友，考量雙方的喜好、需求、宗教信仰，才能賓主盡歡，皆大歡喜。

一、中式傳統婚禮

講究的中式傳統婚禮，重習俗、親典故，喜慶熱鬧人情味濃。結婚本被視為是人生中最重要的一件事，雖經沿革，但在遵父母之命、媒妁之言的禮教影響下，中式傳統婚禮依舊深受長輩喜愛。

中式傳統婚禮

二、西式婚禮

　　隨著西化的影響及地球村的趨勢，西式婚禮的浪漫與夢幻亦不再遙不可及，唯美的場地，精緻的婚宴，充滿時尚感的幸福過程，更讓新人躍躍欲試。

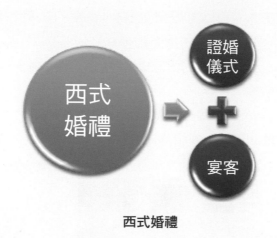

西式婚禮

三、主題婚禮

　　目前最受新人青睞的主題式婚禮，則是依照顏色、風格或是新人的特殊體驗，設計成童話婚禮、希臘婚禮、重型機車婚禮、海洋婚禮、花園婚禮等各式各樣的婚禮主題，在婚顧的巧思中娓娓陳述新人的愛情故事。

10.4 主題婚禮的呈現

　　既是新人最嚮往的婚禮形式，也是新人突顯與眾不同風格的重要關
鍵，要能貼近新人引起共鳴，又希望現場賓客融入氛圍，各個細節的設計
與巧思莫不考驗著婚禮專案管理師的功力，依照與新人訪談的內容中，可
透過話題的延伸與發想呈現在婚禮的元素上。如何與眾不同卻又不落俗
套，主題婚禮的專案管理更具挑戰與成就感。而要讓新人與賓客對主題婚
禮的印象深刻，這些婚禮的元素需要不斷出現在整個婚禮的過程細節中加

主題婚禮呈現

以延續，同時設計讓人莞爾的創意，一般來說，主題婚禮的創意規劃會從婚禮前一直延燒到婚禮後……

主題婚禮規劃

❤ 10.5 各式婚禮流程

　　中華民族歷經數千年來的遷徙、接近、影響、交流與融合，衍生出各種不同的文化習性，身為專業的婚禮顧問，尊重各族群的風俗、習慣、禁忌、典故，相互瞭解協調，才能使婚禮圓滿皆大歡喜。接下來要介紹的各式流程，便是演變至今，多數新人喜愛並遵循的模式，可依雙方家庭的喜愛稍加溝通微調，成就自己的幸福婚禮。

一、文定

訂婚又稱「文定之喜」，於台灣的法律上，並不具效力，但訂婚的意義甚大，不僅僅是結婚的前奏，更可讓雙方的家人有個初步的認識。儘管時代不斷進步，人們對婚禮的慎重態度，從古至今都是相同的。雖然各地區的民情風俗儀式略有不同，但無非是希望新人經此繁複的禮俗下能信守盟約而非兒戲，同時也在雙方親友的見證祝福下，開始新的人生。

由於訂婚是在女方家舉行，設宴也是由女方家設宴，加上各地的習俗不一，因此建議由女方主導訂婚當日流程的規劃，男方協助執行。如果遇到雙方禮俗上不同的地方，則約定以女方的決定為主。相對的，結婚則以男方的規劃為主。

(一)文定緣起

周公制禮，數千餘年來，禮儀刪繁就簡，婚禮可分為三個階段，即婚前禮、正婚禮、婚後禮。「婚前禮」即訂婚禮，表示對婚姻的敬慎；「正婚禮」即結婚或成婚，表示夫婦的合體；「婚後禮」即成妻與成婦之禮，表示婦順之意。

訂／結婚六禮的歷史緣起，最早可追溯至周朝，分為納采、問名、納吉、納徵、請期、親迎等六個過程，稱為「六禮」。成為數千年來結連理時遵行的法制，但是隨著時代的變遷，六禮中的繁文褥節隨著各地方傳統風俗的特色演化，到南宋合併為三禮，依續為納采、納徵與迎親，清朝

時期更簡化為納徵與迎親，演變至今則為訂婚、結婚與歸寧。儘管訂／結婚儀式多元化、現代化，但我們仍可以透過古書籍的記載得知老祖宗對婚姻的重視，並且從中瞭解祖先們的生活型態，傳承寶貴的精神價值。

六禮

♥ 納采

古時婚儀之首，欲娶女時，以雁為見面禮，使媒人致意於女父，今稱提親，亦稱議婚或說媒。意思是說：請媒人到女方家說媒，瞭解女方的心意，看看這門親事有沒有成功的希望。媒人到女方家提親時，通常以活雁作禮，象徵忠貞不二。

納采用雁，是取其陰陽往來，所謂「雁木落南翔，冰泮北徂」，夫為陽，婦為陰，用雁者，取其婦人從夫之意。且雁為候鳥，秋去春來，不失時，不失節，不失信。

♥ 問名

俗稱「合八字」，先由媒人送女方的八字庚帖到男方家，上面寫著女方的出生年、月、日、時，男方必須放在祖先案上觀察三天，如果家中

平安無事，再將男方的八字送到女方家。女方接受了男方八字之後的三天內，每天早晚要在家中神佛前燒香拜拜。在這幾日內，男女雙方的家中，如果有任何一方發生被偷盜、物品毀壞或家人生病等不祥之事，那麼婚事就不成了。

♥ 納吉

又稱小定或文定，也就是訂婚。問名後如果卜得吉兆，男家就請媒人到女方家致贈禮物，並通知女方家決定這門婚事，同時男方選定吉日到女方家，送給新娘一枚金戒子。女方除了收受聘禮、聘書外，也準備回聘之物，男方將回聘物品，放在廳堂致祖先、神明，男女雙方為表示慶祝婚姻業已確定，中午分別設宴款待親戚。

♥ 納徵

俗稱大聘或完聘，男方選定吉日到女方家舉行訂婚大禮，是六禮中兩個最為重要的儀式之一。納徵通常在婚禮前十日至一個月內進行，除了要準備聘金外，並將禮餅（大餅每個約六吋）和聘禮，一一交予女方點收，聘禮名稱都有吉祥的涵義，數量為雙數，取成雙成對的意思，女方主婚人則將禮餅與部分聘禮放置祖先神位上致祭。

♥ 請期

俗稱擇日，把新人的八字都寫在紅紙上，請擇日師擇定黃道吉日，

下聘

舉行迎親儀式。由男家選定婚期大喜之日，煩請媒婆送達女方，徵求同意，倘若女方同意，雙方則開始準備嫁娶的相關事宜，例如：裁衣、挽面、剃頭、安床，另外，在安床後至結婚前，不能使準新郎於夜間單獨在床中睡覺，一般可由兄弟陪同，以免象徵空房的凶兆。

♥ 親迎

即正式舉行婚禮，宴請賓客。

(二)文定流程

經過了數千年的洗禮，台灣文定流程亦更精簡以符合現代新人的需求，保留了傳統喜氣與祝福意涵的形式，強化兩家盟定的禮儀，而整個文定流程的諸多細節與習俗禁忌更是許多新人最懼怕的環節，深怕一個不小心，犯下了忌諱，影響了文定的過程或是落下令人不悅的話柄。

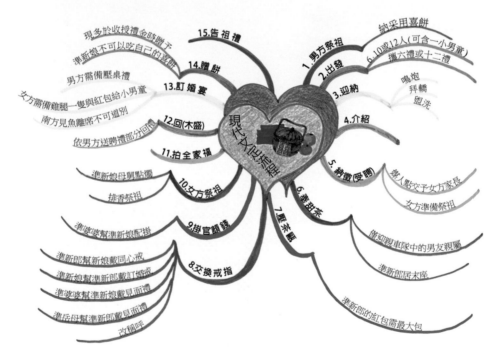

現代文定流程

　　現代文定流程如下：

①男方祭祖

　　舉行祭祖儀式，並將納采用的盒仔餅或大餅上香祭告列祖列宗，祈求訂婚過程順利圓滿。

②出發

　　迎親車隊中，準新郎與媒人、男童（希望新娘入門後可以一舉得男）同乘一車，攜帶六禮（或十二禮），裝於檻殼內由車隊鳴炮後出發。男方應提前一小時到。

帶著滿滿的幸福感出發

③迎納

    1.男方納聘車隊到女方家前約一百公尺處時「鳴炮」，女方也「鳴炮」回應。

    2.媒人先下車後，其餘人接著下車；準新郎最後由女方家晚輩幫準新郎開車門，並且端水給準新郎洗手洗臉（現可改用濕紙巾），準新郎需贈送紅包答謝。

④介紹

    男方親友依序進入女方家，媒人正式介紹雙方親友；先介紹男方給女方。

舊時因為通訊不便，迎親隊伍出發及到達時均需鳴炮通知

⑤納徵（受聘）

1. 貢禮官（男方工作人員）抬槭殼內裝聘禮進入女方家客廳，女家接受聘禮賞予紅包（扛伕禮／車伕禮），並將聘禮一一陳列。
2. 媒人居中將大小聘、金飾等禮單點交女方家長，女方親友將聘禮收好，並在神明桌上陳列供品。

貢禮官將聘禮抬進女方家中

女方將聘禮置於神明桌前陳列

⑥奉甜茶（喜福茶）

　1.女方長輩請男方親屬依長幼入座，新郎居末座。

　2.準新娘此時才由好命婆牽引出堂，捧著甜茶向男方來賓依序敬茶，
　　杯數應與被奉茶人數相同，不可有多有少，媒人隨旁唸吉祥話祝
　　福。

訂結喜慶喝桂圓紅棗茶，象
徵早生貴子，幸福甜蜜

⑦壓茶甌

　　1.片刻後再由好命婆牽引新娘，捧茶盤出堂收茶甌（杯）。

　　2.男方親友將紅包和茶杯（紅包捲起放入杯中）依序置於茶盤上。

壓茶甌

⑧交換戒指（文定禮）

　　1.吉時到，由好命婆牽引準新娘至大廳。在雙方家長與親友的福證
　　　下，準新娘面向外坐在正廳中的高椅（有扶手）上，腳放矮椅上
　　　（如係招贅則面向內）。

　　2.戴戒指：先戴準新娘中指，再戴準新郎中指。

　　3.準婆婆替準新娘戴上項鍊，見面禮之意。

男女雙方戴戒指時會有高低椅一組，高椅
坐，低椅翹腳，象徵新娘以後會好命

準新人交換婚戒

4.準岳母替準新郎戴上金飾，見面禮之意。

5.戴完訂婚戒指後，媒人提出雙方改換稱呼，依序稱呼過。

⑨掛官頷錢

由準婆婆將紅包綁上紅絲線，掛於新娘頸上。

掛官頷錢是早期的小定，意味著從此將準新娘當成自家人，亦有將家計傳承給準新娘之意

⑩女方祭祖

1. 請準新娘之舅父點燭燃排香（意味新人從此一片光明），並致「點燭禮」。

2. 點「排香」兩對，女方父母及準新人各一，共四份。

3. 媒人唸吉祥語，隨之由女方父母拜神明、祖先，並告婚事已定，祈求保佑。而當香柱插入香爐時，一次插定不可重插，因有重婚之忌諱。

天頂天公，地下母舅公。婚慶活動中舅舅的地位都是極為崇高備受尊重的，因此如祭祖點燭、開席都會尊重舅舅的指揮

排香

⑪拍全家福

全家合照。

⑫回檻（壓檻）

女方將男方所送來的「行聘禮品」回送一部分。擺入男方的空檻並回禮。若聘金退回或只收小定，媒人自女方家長手中接下（女方留下紅條），轉交男方家長。

⑬訂婚宴

1.訂婚儀式完成後，準新娘更換第二套禮服，女方設宴。

2.男方要準備「壓桌禮」給女方，支付喜宴費用。

3.女方應備雞腿紮紅紙，附上「雞腿禮」紅包一份給男方幼輩。

4.男方致贈給所有幫忙的人紅包，以為謝禮。

5.在喜宴沒有結束前，男方不向女方招呼，更不能說再見，就要先行離席，因為忌諱下聘之事再來一次。

⑭贈餅

女方將訂婚喜餅分贈親朋好友，準新娘不可吃自己的喜餅，其原因一是以免新娘以後「大面神」（不謙卑、厚臉皮的意思），另一是避免吃掉自己的喜氣；但部分習俗是沒祭祖過的可以吃。

⑮告祖禮

男方回家後應由父母或長陪同焚香祝禱，稟告祖先及神明。

 道聽不塗說之婚禮小百科

◎迎親車隊

禮車須為2、6或12部（視女方陪嫁人數而定），每部車均坐偶數人。車門把繫上彩帶，以告知路人為迎親車隊且有助於行車中車隊辨識。

◎楹殼

盛放喜、壽等禮品之木箱，長約1公尺，寬約40公分，高約10公分，現稱紅木箱，通常可向所訂購之喜餅公司租借。

◎貢禮官

俗稱「壓箱先生」，人數要成雙，通常是由男方親朋好友擔任。

◎好命婆

最好是家庭婚姻幸福，雙方父母健在，身體健康，食衣住行無慮，且有兒有女家庭和樂之婦人。

◎奉甜茶

奉茶昔稱「受茶」，又稱「呷茶」，舊日指「女子受聘」之稱謂。喝茶是我國婚禮中一種隆重的禮節。原是出於古人對茶樹習性的認識，認為茶樹只能從種子萌芽成株，不能移植，因此把茶樹看作是一種至性不

移的象徵。明朝許次紓《茶流考本》中提到「茶不移本，植必生子」。所以，民間以茶作為男女訂婚的茶禮。奉茶用來表示「女子一經受聘，不再受旁人家之聘」的意思。而舊時於江浙一代，更將整個婚禮儀式稱為「三茶六禮」，三茶即為訂婚時「下茶」、結婚時「定茶」與洞房時「合茶」。

◎戴戒指

傳統訂婚金戒、銅戒各一枚，戒子上繫紅線，寓有「聯結」之意，而銅戒指與「同」諧音取意「永結同心」，但現多以金戒及鑽戒取代。

男女雙方交換婚戒時，不可套到底，以免將來婚後會被對方「壓落底」，故必須將中指彎曲，套至第二指節為宜，表示夫妻本應互相尊重，互信、互諒、互重。

◎排香

顧名思義就是數支成排的香，又稱禮香，無香腳，是由線香衍生而來，大都於正式祭典中，由主祭官上香所用，而新婚夫妻祭祀祖先時，也多使用排香，以表重視之意。

◎雞腿禮

舊時農業社會生活貧瘠，重要節日時才有肉品可食，為了安撫訂婚隨行男童，給予珍貴雞腿享用，以示歡迎。而雞又有「起家」（台語）的意思，象徵新人從此成家立業。

文定備禮與意涵

六禮	
納徵	回檻
一、合婚餅	
盒仔餅或西餅	回6盒或12盒。
二、禮餅	
中式漢餅，用以感謝女方家長養育之恩，並用以分贈親朋好友，表示女兒將出嫁。	回6盒或12盒。
三、米香	
吃米香嫁好尪	狀元糕。
四、禮香炮燭（禮香、禮炮、禮燭、壽金）	
用來敬告祖先、互相祝福、增添喜氣之意。	回一半（留待結婚時使用）。
五、結親禮	
1.聘金 (1)大聘：為購置嫁妝之用，由男方備辦。 (2)小聘 　　·北部：給新娘添置新衣用（衫錢）。 　　·南部客家村：奉獻給準岳母，報答其養育之恩（乳母錢）。	聘金一般分為「大聘」、「小聘」。「大聘」通常用來顯示男方的面子，而「小聘」則為實際的聘金，用紅包袋裝好，不露出數字。女方通常收小聘退大聘或交由新人作為結婚基金。

禮香炮燭

聘禮的金額較高時也可以開立支票或先存入銀行帳戶再以存摺代替

2.上頭布 均為日常生活所需用品,代表喜慶以及福壽雙全之意。如帽子、皮夾、皮包、鞋子、腰帶、洋裝或旗袍、手錶、頭飾、化妝品、襪子等。 ※所有的口袋、皮夾、皮包皆須放置紅包,不可口袋空空。襪子須為雙數。	**頭尾禮:** ＊回新郎的禮要從頭到腳,象徵夫妻感情長久,白首偕老。 　帽子、西裝、襯衫、領帶、袖扣、皮帶、皮夾、褲子、襪子、鞋子、3C、筆、手錶等。 ＊春花、婆婆花、阿媽花:是給新郎男方長輩結婚時配戴的頭花,一般為紅色。
3.洗手雞 童子雞、酒一瓶。	雞收下,行洗手雞儀式,將酒瓶裝洗米水回檻。
4.伴頭花 蓮蕉花、雞冠花、芙蓉花。 ※盆栽土面必須用紅紙覆上,上面放10元硬幣,一對一對擺,總數須雙數。	蓮蕉花、芋葉、石榴、桂花盆栽,意味多子多孫多福氣。 ※可用蘋果、柑仔、香蕉等代表吉祥的水果代替。
5.首飾 金項鍊一條、戒指一枚、手鍊(手鐲)一對、耳環一對。 ※新娘應於結婚當天將它們戴上,以示對婆婆的尊重之意。	金戒指、金項鍊或金手鍊。

六、吉祥禮

1.龍眼乾 龍眼乾又稱桂圓或福圓,是祝福新人圓滿,多子多孫多福氣,興旺之意。	全回。 龍眼乾又稱女婿目,代表新郎的眼睛,女方只能悄悄拿兩顆給新娘吃,意喻看住新郎的眼睛,讓他以後不再看其他的女孩子。

不常用的禮可以用紅包代替，在
上面寫上物品名稱

鞋子須選前包後包，意味前包金後包銀，避
免漏財；有頭有尾，婚姻才會圓滿幸福！

知道吃龍眼乾的習俗，新郎乾脆
大方地自己剝給新娘吃

2.斗二米、糖仔路 　12斤糯米、3斤二兩砂糖，此為做轎斗圓 　（大顆的紅湯圓）的材料，有團圓、美 　滿之意。 　※可用12顆紅蘋果代替。	回一半。
3.早生貴子 　紅棗、花生（長生果）、桂圓、蓮子。 　※可以只用紅棗代替。	回一半。
十二禮（再增加六禮）	
七、熟牲禮	
魚、肉、酒以及童子雞各一，此為有起家 （與雞同音）、吉祥、期作賢妻良母之 意。	收下祭祖。
八、半豬	
半隻豬或洋火腿或豬腿一隻，表示豐碩誠 懇的敬意。	＊若為洋火腿，回一半。 ＊若為豬腿，僅取下大腿部分，另購豬腳 　一隻，綁成雙回禮。 ＊若為半豬，需請人取出骨頭與豬腳回 　禮，取其「吃肉不啃骨頭」之意，表示 　厚道。
九、酒二十四瓶／丈人菸	
表示一年二十四個節氣都平安順遂。	酒回一半，菸不可回（表示退婚）。
十、麵線	
表示千里姻緣一線牽，並有福澤綿長，延 年益壽之意。	回一半。

客家習俗中，豬腿肉又稱媒人菜，是準備給女方酬謝媒人的，豬蹄部分需讓媒人送回男方家

男方送來牲禮祭祖

媒人菜回禮

十一、四色糖	
冬瓜糖、冰糖、巧克力、桔餅，表示新人甜甜蜜蜜、幸福美滿。	回一半。
十二、其他	
＊閹雞：朝氣蓬勃之意。 ＊鴨母：表示婚姻永固，一片祥和。 ＊鮮魚：表示年年有餘。 ＊魚翅、干貝、松茸、香菇、螺肉、鮑魚、茶、烏魚子。 ※閹雞、鴨母、洗手雞、熟牲禮擇一即可。	＊麥、穀：衣食無缺。 ＊棉花：感情綿綿。 ＊緣錢、鉛線：鉛製成的圓形薄片，象徵新娘子與婆家的每一份子結緣，相處愉快，家和萬事興。 ＊肚兜：兜中置放手帕及紅包，希望新郎事業順利，大展鴻圖，財源滾滾。 ＊糖：給男方煮茶喝，嘴甜甜，不會為難新娘。 ＊小火籠（含小木炭）：代表感情如火，越燒越旺。

(三)婚禮的紅包文化

　　為什麼會把紅包另外拿出來談呢？因為在婚禮中紅包是一門學問，禮數不可或缺的重要角色，同時也在結婚資金中占有舉足輕重的份量。

　　紅包的準備可參考「男方文定紅包」與「女方文定紅包」，紅包外面可註明內容，避免因忙亂而錯誤，也可選購婚禮用品中已經印刷好的紅包袋，免得有所遺漏而失禮。另可多備小金額紅包數個，以備不時之需。

道聽不塗說之婚禮小百科

◎春花

　　「春花」是以絲線和鐵線纏繞的花飾，因此又稱「纏花」、「線花」。是古時農村婦女心細手巧的女紅表現之一，也是訂婚當天的重要回禮。一份新娘花自己戴，一份婆婆花於進門後拜公婆時奉予婆婆，一份阿嬤花，進門後送給丈夫的內嬤。

　　「新娘花」多是石榴，象徵多子孫。

　　「婆婆花」是一朵好似人打開的嘴巴的開口緞花和一朵緞花，插婆婆花要以緞花插入開口緞花內，一起插戴在頭上。緞花代表新娘，開口緞花代表婆婆，意思是新娘進門後，婆媳和睦相處不吵嘴，可以同嘴同聲持家。

　　「阿嬤花」則多是「龜」、「鹿」等象徵長壽福祿等吉祥寓意的纏花。

◎洗手雞

　　必須是有頭有尾的熟公雞，而且要留下尾巴的羽毛，象徵老運亨通。準新娘的長輩會在訂婚禮成後，用洗手雞的儀式來提醒準新娘角色定位即將轉換，要開始洗手做羹湯。

◎紅包的由來

　　早期的婚喪喜慶中，主人會準備「香、燭、禮炮、金紙」給前來幫忙的親朋好友，但是準備這些回禮，打點的人麻煩，受禮的人也不見得實用，於是漸漸演變成紅包折現，由受禮的人自行購買答謝祖恩。其寓意為「拿人錢財，與人消災」。發展至今，對於婚禮來說，除了感謝對方的幫忙，也有「祝福」的好意象在內。

紅包

男方文定的紅包

紅包		內容	金額
舅仔禮		給準新娘未婚弟妹	
點燭禮		給新娘的舅舅，負責點燭、燃香、獻餅和聘禮，讓新娘的父母與新人祭祖	
壓桌禮		款待男方親友的酒席紅包	比宴席金額略高
六儀 （六禮）	見面禮 （接儀）	抵達女方家門時，給來幫準新郎開車門的晚輩	
	引介禮 （引鳳儀）	引導新娘敬茶之福壽雙全婦人（好命婆）	
	開容禮 （簪儀）	化妝禮	現多為新娘秘書
	廚師禮 （廚儀）	給廚師	餐廳宴客可免
	端菜禮 （端儀）	給餐廳主桌服務人員	
	盥洗禮 （盥洗儀）	給入門時端洗臉水讓新郎洗手擦臉的晚輩	
壓茶甌		新娘敬茶時壓茶甌的紅包	新郎與父母親的紅包金額需較高
姐妹桌禮		準新娘出嫁前和家人的聚餐，用來拜謝父母養育之恩，家人藉此獻上離別前的祝福跟期許	
媒人禮		給媒人	男方需比女方紅包金額高些
袷裙禮		給來幫忙的親朋好友	

女方文定的紅包

紅包	內容	金額
貢官禮	又稱壓箱禮，給負責送聘禮的人	
車伕禮	文定儀式中負責開車的人	
媒人禮	給媒人	男女雙方均需給
裕裙禮	給來幫忙的親朋好友	

二、中式婚禮流程

　　結婚向來是人生大事，自古至今都極受重視，甚至將男子結婚稱為「小登科」，宋·洪邁《容齋隨筆·四喜詩》中有云：「久旱逢甘雨，他鄉遇故知。洞房花燭夜，金榜題名時。」足見完成終身大事與金榜題名等同重要。

　　以下是目前最多新人採納的婚禮流程，通常傳統習俗難以抗悖，又需尊重雙方家長意見並體會親友的觀感，因此多數新人會將巧思放在宴客流程，迎娶流程還是以莊重合乎禮數為原則。雖說婚禮前準備也有許多人以西化的最後單身夜派對為主題，但是若家中由長輩做主，傳統習俗還是不可背棄。

(一)男方婚禮前準備

♥ 安床

1. 通常「農民曆」上即列有「安床」的日時。吉時將床移置於正位即可。
2. 安床後，要請生肖屬龍的孩童在床上翻轉，俗稱「翻床」、「翻鋪」，為「早生貴子」的象徵。
3. 安床後晚間祭拜「床母」。
4. 安床後不能空房，亦忌單人獨睡，所以大喜之前，準新郎睡覺時需由一少男陪伴。

安床

5.「安床日」起至「親迎」前，嫁娶之家通常會剪貼紅雙喜，中堂、門上要貼，棉被、枕頭上也要繡「囍」，以兆吉祥。同時擺放安床娃娃，避免空房，催旺夫妻感情融合。

♥ 拜天公

在台灣中南部，男方迎親前一日，會在家門前搭棚設壇叩謝「天公」（酬神、謝神），感謝眾仙佛保佑新郎順利長大成人，如今即將娶妻，所以特於「結婚日」前「拜天公」以酬神。

民間習俗中，舉凡婚慶、祭神等典禮中均懸掛八仙綵，取其安泰祥瑞、吉祥如意之寓意

♥ 吃上轎

　　迎親出發前，男方廳堂的八仙桌上擺有代表吉祥的十二道菜餚，由新郎坐首席，儐相、小叔陪坐，邀請舅父或姨丈等湊足人數才開動，每道菜餚都要挾起來吃一口，俗稱「吃上轎」。「吃上轎」之後，新郎才出發迎親。

(二)女方婚禮前準備

♥ 挽面

　　1.女孩子生平第一次挽面，稱之為「開面」，可視為女孩子成年禮的一部分。

　　2.建議2～3週前挽面，以免婚期產生過敏或不適現象。

♥ 姐妹桌

　　新娘結婚前數日，由至親者（伯、叔、舅、姑、姨及姊夫等）款待，謂之「餞別」。新娘子在出嫁當天辭祖前（或前一夜），由兄弟姊妹（取奇數人），請新娘入座成偶數，新娘腳墊小椅（象徵婚後幸福美滿），一起吃飯，由長輩以筷子挾數樣菜入新娘口，邊說吉祥話，每位分一份紅包，表示離別，俗稱「食姊妹桌」。

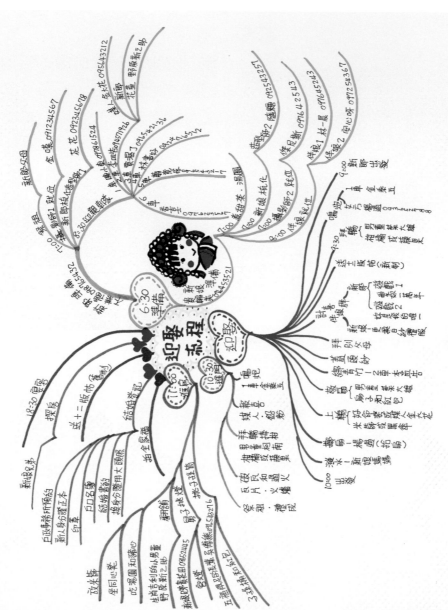

迎娶流程

中式婚禮流程暨習俗

	新郎		新娘
祭祖	男方在出發迎娶前先祭祖，祈求一切順利。	化妝	*穿前開襟衣服。 *於男方到前半小時完妝。
出發迎親	*男方接嫁人員最好與女方陪嫁人員人數相同，且須為偶數，通常為2人、6人或12人。 *喜車亦須為2、6或12部（視女方陪嫁人數而定），每部車均坐偶數人。車門把繫上彩帶，以告知路人為迎親車隊，且有助於行車中車隊辨識。 *新娘禮車外加兩條大紅帶及車彩，或將鮮花置於引擎蓋上。第一部車為前導車，需負責帶路及沿途燃放鞭炮。 *按古禮，前導車於路口、橋頭應燃炮驅凶避邪。 *新娘禮車通常在第二部（千萬不可在第四部），媒人坐於前座，新郎及花童坐後座。		
鳴炮	迎親車隊到達新娘家前，應燃炮通知，女方也燃炮回應。 舊時因為通訊不便，迎親隊伍出發及到達時均需鳴炮通知		
拜轎（請新郎）	禮車至女方家時，女方家一男童去開車門請新郎下車。		
母舅帖	原為新郎於開席前親自送十二版帖給女方主婚人並邀請赴宴，現今為體貼新人，多為迎娶時一併送上。（新制）		

討喜／交捧花	新郎手持捧花，到新娘的房間，此時新娘的姊妹及女性朋友要阻攔新郎，可提出問題要新郎回答，通過考驗才讓新郎見新娘。或新郎與女方家人見面問候一番後，給予紅包，手持捧花到新娘房間接新娘，一般紅包放999元表示長長久久。 ※在古時候的傳統婚嫁禮儀中，是由新郎帶著鳳冠霞帔、胭脂水粉等到新娘家讓新娘打扮完之後迎娶，為了避免新郎久候不耐誤闖新娘房，通常會有人負責「攔門」，漸漸演變成今日的討喜。	換新娘禮服／戴頭紗	白紗由新郎帶過來更換，或前一天先行至新娘家 ※忌有口袋，怕會把娘家的福氣與財運帶走
辭祖	告知祖先今日有女出閣，請列祖列宗保佑這段姻緣美滿幸福。		
拜別	拜別父母，感謝父母養育之恩，並向父母道別。		
蓋頭紗	由父母蓋上頭紗。新娘應要叩拜。		
綁青竹	禮車上方懸綁一棵由根至葉的竹子（有頭有尾）、甘蔗與豬肉，象徵新娘「有節出嫁」之意，豬肉則為避凶。禮車後方則有朱墨畫的八卦竹飾，用以驅逐路上的不祥。		
敬扇	新娘上禮車前，由一名生肖吉祥的小男孩持兩把綁有紅包的扇子置於茶盤上給新娘，新娘須回贈紅包答禮。		

討喜的闖關遊戲建議設計成需要合力完成為佳,同時需要有
備案,以防新郎卡關,影響流程進行

拜別父母

辭祖

梳化完畢後，插上新娘花與稻穗，希望新娘一生衣食無虞

出閣之日，通常會由媽媽幫女兒親手戴上頭紗，亦有穿戴媽媽或外婆結婚時的頭紗，意味著幸福的延續與傳承

掀蓋頭紗只能一次，象徵婚姻從一而終，舊時因風氣保守，新娘出閣時以紅布覆面，象徵新娘未拋頭露面，潔身自愛

新娘 上禮車	＊由好命婆或媒人牽新娘，頭上以竹篩或黑傘遮蓋，護新娘入車內。此時姑嫂輩應迴避。 ＊新娘於結婚當天，雖地位崇高，卻也不得與天爭大，因此須以竹篩或黑傘遮蔽，同時也不能說「再見」。 ※北部習俗撐傘並無是否懷孕的區別，也無色系上的考量，只要是全新帶把的即可，希望能讓新娘一舉得男。南部則是新娘懷孕需撐黑傘，因為米篩上的八卦圖文會沖撞到胎神，容易造成流產。
擲扇	禮車啟動時新娘將其中一把扇子丟出。禮車開動之後，由新娘的晚輩撿起（扇尾繫一紅包及手帕）。
潑水	所有人在離開女方家時都不能說再見。新娘母親待禮車開動後，即於車後潑一盆水，表示希望女兒出嫁後不要太想娘家。
出發	有些習俗出發與回程，會選擇不同方向或不同路，亦即不願走回頭路。
報喜	＊到達男方家門時，迎親隊及男方家人燃炮慶賀。 ＊媒人先進廳門，取鉛粉（鉛、緣諧音）在手（或洒在地上），唱道：「人未到，緣先到；進大廳，得人緣」。（男方禮請女方親友下車）
拜轎／ 捧柑	禮車到達新郎家時，由小男孩捧兩顆橘子（大蜜柑，亦可用蘋果代替）開車門，新娘下車前應摸一下橘子，意謂祈求吉祥平安，並給一個紅包。
破瓦	＊下車時，由一好命婆或媒人，持米篩或黑傘撐在新娘頭上，牽新娘進門。新娘進門時切記不可踩門檻，需跨過。新娘踏下花轎，講究的人家不願讓她「見著天」，須用八卦米篩或雨傘遮撐，且她踏過之處須鋪以木板或紅毯，不讓她「踩著地」，此即「頭不見滿清天，腳不踩滿清地」，其意為避邪及避免觸怒天地鬼神；而持米篩是為了蓋住新娘頭上的氣焰，亦有新郎壓制新娘之意。 ＊來到大門前，大廳門檻前需置瓦片及火爐，請新娘踩破瓦片後腳跨過火爐，俗稱破煞與過火。完成之後，男方請女方陪嫁人員進門入座。 ＊過門檻：門檻代表門面，故新人應橫跨門檻過去。新娘必須跨過夫家正廳門檻（戶磴），以免觸犯神明，俗諺「跨得過，活百二歲」。 ＊男方派人將青竹卸下，懸掛於大門框上，紅包由卸下的人領走，豬肉則交給男方。
祭祖	新娘進門後，先敬茶上香祭拜神明祖先。 拜高堂：向新郎父母奉茶。

上轎

米篩應置於後車窗前，八卦圖騰朝外可避邪

擲扇

潑出這碗水，媽媽的心裡有多不捨

捧柑，新娘應摸一下蜜柑，並將蜜柑位置
對調，然後放一個紅包在蜜柑下，這兩顆
橘子要放到晚上，新娘親自剝皮，謂招來
長壽

下花轎

破瓦

進房	＊新郎護送新娘入洞房。 ＊入洞房後，將米篩放在新床上（米篩意謂帶胎來生兒滿米篩）。 ＊鏡子覆紅布（或貼紅紙，四個月內不可拆）。 ＊兩人坐在圓凳，兩張圓凳的各一支腳椅，用一件褲子的兩條褲管套入，意謂未來將同心協力似同穿一褲；或同坐在墊有新郎長褲的椅子上（褲子下放紅包，象徵夫妻倆一體同心、榮辱與共、有財有庫），表示兩人從此一心。然後新郎揭開新娘的頭紗，飲交杯酒，吃甜湯（由蓮子、花生、桂圓、紅棗等做成，意謂早生貴子）或盛一碗豬心進新房，餵新郎、新娘吃（吃豬心，才會同心）。 ＊新娘未脫下白紗前忌坐在床上，避免懷孕時易害喜得厲害。其他親友皆不宜坐在新床上。 ＊男方可請一位生肖屬龍之男童，在新房床上翻滾跳躍，請媒人在旁唸：「翻落鋪，生查埔，翻過來，生秀才，翻過去，生進士」，俗稱「翻鋪」。 ＊新娘的兄弟一人將「新娘燈」（舅子燈）兩座，提進新房置於床上。唱曰：「舅子挑燈，新人出丁」。 ＊挑子孫桶（必須是富、貴、才、子、壽，五福俱足之人），將子孫桶提進新房，並將桶內紅包取走。
拍全家福	可在家裡面或喜宴開始前或送客後全部親友合照。
結婚登記	＊「民法」第982條規定：「結婚應以書面為之，有二人以上證人之簽名，並應由雙方當事人向戶政機關為結婚之登記。」 ＊結婚登記可於結婚前三日向戶政事務所申請登記，並指定結婚登記日為生效日。 ＊結婚當事人身分證、印章（或簽名）、戶口名簿、結婚證書及最近兩年所攝正面半身彩色相片一張。
母舅帖	新郎於開席前親送十二版帖給女方主婚人並邀請赴宴。（古禮舊制）
探房	＊新娘出嫁第三天，照例由新娘的兄弟（最多兩人）帶著餅及紅花探訪新人婚後情形，新郎給其紅包，俗稱「探房」。紅花應交給新娘，與出嫁時插的頭花交換插在頭上，表示會「開花結果」，「會生子」。 ＊現代禮俗多在結婚當天，於新人進洞房後進行探房。
觀禮及宴客	另闢流程。

同心凳

掀頭紗

舅子挑燈~~籠，舊習俗、新創意

子孫桶，於迎娶日以紅花布包好，由一位五福俱足的人提進新房

 道聽不塗說之婚禮小百科

◎綁青竹

古時候因為交通不便，迎親隊伍可能需要跋山涉水，翻山越嶺迎娶，在迎娶新娘後會將豬肉繫於青竹上，當迎親隊伍於路上如遇猛獸攻擊，則揮舞青竹，並將上方所繫豬肉予以餵食，以保迎親隊伍的安全。

◎擲扇

擲扇寓意：

1. 放下性子，表示丟掉少女習性，不將壞性子帶到婆家。
2. 意謂留扇（善）給娘家，也有表示感情不散之意。另帶走一把扇子則有把好福氣帶過去夫家的意思。
3. 「扇」與「姓」同音，表示新娘出嫁後將從夫姓拋舊姓。
4. 表示新娘與娘家散，希望女兒將來不會有離婚再回來的意思。

◎潑水

女方主婚人用臉盆裝水，潑向車後，表示覆水難收，意指希望新娘幸福，叫新娘不會有後悔的念頭。亦有女方家長將一碗清水、稻穗及白米潑灑，代表女兒已經是潑出去的水，並祝福女兒事事有成，有吃有穿。

◎米篩封門

舊習嫁女唯恐家中福氣被女兒帶往男方家，於是在新娘出門後，用米篩封住門口，抵擋福氣流走。或是用掃帚做出掃入家中的模樣，它的意思也和米篩封門相同。

◎破瓦

「破瓦」或稱破月、破格、破外口，其寓意為：

1. 將不好的運氣破在門外（依古禮「男命無假，女命無真」，透過這個儀式，把新娘不好的磁場「破除」在外，因此要先破瓦再過火，破外不破內）。

2. 表示破處（洞房花燭夜後，新娘將為人妻，為人媳，因此要將在娘家的壞習慣或是不好的個性改掉）。

3. 表示進門就有弄瓦之喜。

4. 破邪（瓦的台語諧音）。

※新娘有孕則不可破瓦。

◎過火爐

過火爐寓意：

1. 去邪

2. 讓夫家旺盛。

3. 生炭（生淡，意味綿延子孫）避邪。

◎子孫桶

子孫桶又稱「尾擔」，因為通常排在迎娶隊伍的最後面，是早期婚慶習俗中的必備品，分別是便溺用的馬桶、洗澡時用的腳桶和生產時用的腰桶。

◎忌嫁娶月份

六月（六月不會出尾）

七月（七月娶鬼某）

九月（九月狗頭重，死某亦死尪）

三、歸寧流程

　　台灣北部的習俗，是女方於訂婚當日宴客。而台灣南部的習俗是於女方歸寧日才宴請賓客。新娘出嫁三天回門稱為「歸寧」，又叫做「三朝回門」，有「成家不忘娘」之意。歸寧的流程中習俗不若文定般繁複，不少新人也比照文定通用的習俗或流程增添喜氣，茲將歸寧的細節彙整如「歸寧流程暨習俗」。

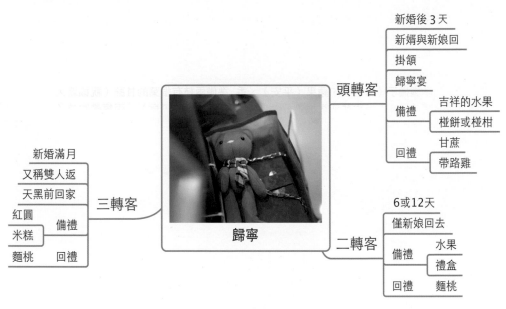

頭轉客
　新婚後 3 天
　新婿與新娘回
　掛頷
　歸寧宴
　備禮　吉祥的水果
　　　　椪餅或椪柑
　回禮　甘蔗
　　　　帶路雞

三轉客
　新婚滿月
　又稱雙人返
　天黑前回家
　紅圓　備禮
　米糕
　麵桃　回禮

二轉客
　6或12天
　僅新娘回去
　備禮　水果
　　　　禮盒
　回禮　麵桃

歸寧

歸寧流程

歸寧流程暨習俗

男方	女方
頭轉客　新婚後三日回娘家	

新婿去拜見岳父母，向他們表示「感恩戴德」之意，藉以增厚姻親之情誼。

新娘「頭轉客」，新郎要給女家之幼輩或祖父母紅包禮。女方長輩接受新女婿紅包後，表面欣然接受，背地裡要添加數額，交給新娘之父母，將紅包摺起，以紅絲線打紮，掛在「謝籃」提手上，稱為「掛頷錢」（挽頷錢）（客家習俗）。

	男方	女方
歸寧宴	女方備「歸寧宴」招待新人。宴中向新郎一一介紹女方直系尊親屬及旁系尊親屬，新郎一一稱呼，新郎「成婿之禮」遂告完成。宴席中，新郎要坐大位，且由新郎先動筷，其他人才可以動筷；退席時，新郎需置一紅包放在桌上，俗稱「壓桌禮」，其金額約當天一張桌席的金額。 宴席間新娘的舅父會替岳母挾燉雞之雞腿一隻，請新郎吃，以示岳母疼愛女婿。 歸寧回來後，媒人的任務便告完成，新郎要攜帶「紅氈」等禮物前往媒人家拜謝。	
備禮	準備橘子（吉利）、蘋果（平安）、香蕉（招呼）及椪餅或椪柑（象徵「新娘肚皮漲大懷孕」）、酒等禮品（須偶數）。	準備兩枝有根葉的甘蔗（祝福新人甜甜蜜蜜，透頭透尾）、兩隻帶路雞（約兩三個月大的公雞、母雞各一隻）、米糕（如膠似漆）、蜜餞等，供新人帶回男方。
二轉客　第六天或第十二天回娘家		

僅新娘「歸寧」回娘家，因男人各有所業，所以新郎可不陪同。約上午十時回娘家，下午三、四時動身返夫家。

備禮	水果、禮盒	麵桃類食品
三轉客　滿月回娘家，又稱「雙人返」		

由新娘的弟妹到新郎家，請新郎新娘相偕回娘家，大多上午接受邀請，中午聚餐，日落前回家為宜，俗稱「入門鳥（太陽剛下山），生男鳥（生男孩）」、「天未黑，生查埔」、「暗暗摸，生查埔」。若未在日落前返抵男家，俗信「必先產女」。

備禮	紅圓（偶數）、米糕	麵桃類食品

俗語「頭米糕、二拜桃（即桃仔粿）、三拜即無」，是指女婿和女兒回娘家，第一、二次都會受到隆重的款待，第三次後則不再有特別的招待和禮物。

米糕是讓女兒帶回後分贈親朋好友，希望女兒婚後夫妻感情如米糕般如膠似漆，甜甜蜜蜜，講究者會在上面插上蓮蕉花，期待一舉得男，是娘家對女兒的祝福

道聽不塗說之婚禮小百科

◎掛頷

「掛頷」之俗，是以紅線穿銅錢，掛在孩子頸上，以求壽祥，因為古時尚未發行鈔票，都以貨幣，如銀錠、銀圓、輔幣等，為祝賀孩童長命百歲之意。另外，也用在過年前給兒童壓歲錢，以至結婚時，舅爺（新娘的兄弟）探房、新人歸寧，男家都要給舅爺掛頷錢，女家也要給新女婿掛頷錢，但是都不掛在頸項，而是掛在謝籃上。現在則是在紅包裡裝鈔票，再捲起，用紅紗線縈住，掛在謝籃上，頗有以往「掛頷」之意義。

◎歸寧宴

北港的歸寧宴習俗中，娘家設宴款待女婿和女兒，在開宴前，岳母會先炒一盤米粉給女婿吃，表示疼愛之意，俗諺：「丈母請子婿，米粉包雞屎」，即是諷刺鄉下人過分喜愛女婿。另一俗諺：「一豬、二子婿、三囝仔（子女）、四尪婿」，則顯示女婿在丈母娘心中的地位比子女、丈夫還高！

四、西式婚禮流程

　　浪漫的西式婚禮近年來也有不少新人將儀式併入流程，只為了說一句：「Yes, I Do!」。而西式婚禮少了中式的繁文縟節，倒是新娘結婚當天一定要有四樣東西——something old、something new、something borrowed、something blue，意思是：

♥ something old：通常是父母親給的首飾，象徵傳承，與原生家庭的關聯。

♥ something new：通常是新娘禮服，象徵嶄新的未來。

♥ something borrowed：向已經結婚且過著幸福生活的婦女借來的首飾，有沾染好運的意思，據說如果是向富裕親友借來銀幣放在鞋內，更可以招來財運。

♥ something blue：在聖經裡藍色象徵純潔、忠貞的意思，以往新人會穿著藍色的禮服參加婚禮，但隨著時代的演變，現在的西式婚禮則為增加藍色的配件。

　　西式婚禮與基督教或天主教婚禮不全然相同，但因為受教義薰陶的結婚儀式傳承，有許多細節與儀式相同，最大的差異是一般的西式婚禮不一定由神職人員證婚，並多在婚宴場所的婚禮教堂舉行，並無教派上的考量，適合嚮往西式浪漫婚禮的新人。但是宗教婚禮一定會有神職人員與唱詩班，且多在教堂內舉行。

花童進場一向可愛吸睛

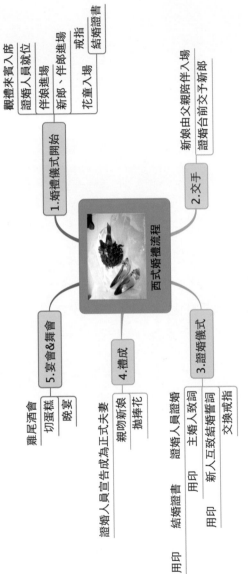

西式婚禮流程

1.婚禮儀式開始
觀禮來賓人員就位
證婚進場
伴娘進場
新郎、伴郎進場
花童入場
戒指
結婚證書

2.交手
新娘由父親陪伴入場
證婚合前交予新郎

3.證婚儀式
證婚人員證婚
主婚人致詞
用印　結婚證書
新人互致結婚誓詞
交換戒指
用印

4.禮成
親吻新娘
抛捧花
證婚人員宣告成為正式夫妻

5.宴會＆舞會
雞尾酒會
切蛋糕
晚宴

五、天主教婚禮儀式

「天主造了一男一女，降福他們說：你們要生育繁殖，充滿大地。治理大地」（創世紀一28）透過婚姻盟約，一男一女組成一個共同生活及互愛的親密共融團體；婚姻盟約是造物主所創立的。婚姻的本質指向夫妻的幸福，以及生養和教育子女。兩位受過洗的人的婚姻也由主基督提升到聖事的尊位（北美華人天主教網站）。

天主教會極為重視婚姻與家庭生活，相信幸福美滿的婚姻係源自上主的賜予，是不可隨意廢除的盟約。因此選擇於教堂或禮拜堂進行結婚典禮，在一連串莊嚴神聖的宗教儀式下，由牧師或神父為新人證婚。依教會法規定，每一宗至少有一方為天主教教友的婚姻，婚禮通常必須在一位司鐸或執事之前舉行，而且要有兩名證人在場，完整的婚禮彌撒包括歡迎禮、聖道禮儀、結婚儀式、聖祭禮儀、領聖體禮、禮成等步驟，惟依各個教會略有差異。

而容許非教友在教堂結婚通常要得主教同意。且需要注意以下條件：

1. 新人要認同婚姻的神聖及天主教的婚姻觀，包括自由選擇對方作配偶（合意），一夫一妻，終身相守，及按天主計劃生兒育女（離婚後再婚者，不合教會婚姻觀點者，不可准許）。
2. 新人對天主教有好感，並有意追尋信仰。
3. 對來賓有福傳作用。
4. 不得藉婚禮斂財，破壞教會形象，有損福傳精神。

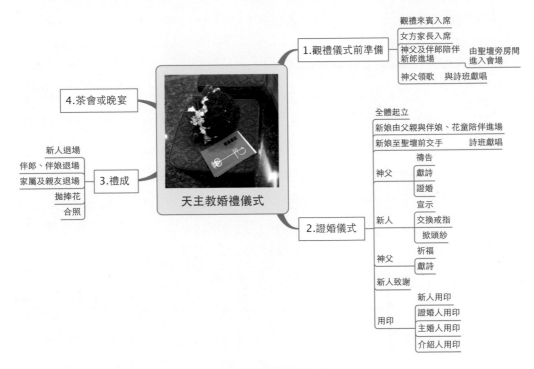

天主教婚禮儀式

六、基督教婚禮儀式

　　基督徒的婚姻是向主多次的尋求指引，經過神的允許，確定是神所配合的婚姻。所以基督徒較慎重的婚禮儀式，是為要在世人面前榮耀神，是祈滿有神同在的祝福。而在結婚之前，牧者會為兩人安排婚前輔導的課程，詳細說到兩人該如何共同的生活，包括雙方個性的認知與互補、金錢的管理等等（台灣聖經網）。

　　基督教婚禮是否雙方都為基督徒，在「信與不信不能同負一軛」（林後6：14）中，舊約的解釋是禁止與非教徒結婚，但隨著基督教兩千

點同心燭

餘年的悠遠歷史，期間經歷了各個轉變，部分教派並沒有強烈反對異教徒的婚姻，倘若其中一方為非信徒，也可使用此結婚禮儀，唯必須符合下列三個條件：

1.有教牧的推薦。

2.曾接受婚前輔導。

3.非信徒一方願意接受並相信整個禮儀的信念和意義。

每種宗教都有其正規的儀式，基督教的婚禮每個儀式都有其意義存在，當然程序可以調整、變化，也能使用不同的詩歌、音樂。

基督教婚禮

婚禮專案管理

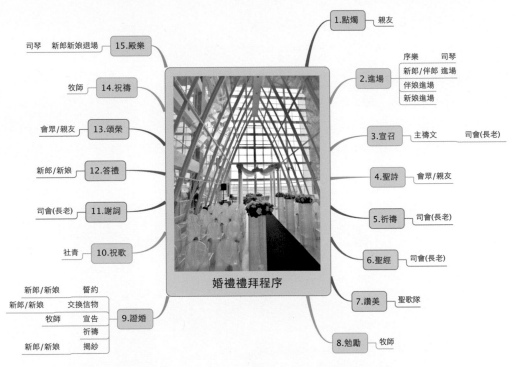

1.點燭 — 親友

2.進場 — 序樂　司琴
新郎/伴郎 進場
伴娘進場
新娘進場

3.宣召 — 主禱文　司會(長老)

4.聖詩 — 會眾/親友

5.祈禱 — 司會(長老)

6.聖經 — 司會(長老)

7.讚美 — 聖歌隊

8.勉勵 — 牧師

司琴　新郎新娘退場 — 15.殿樂

牧師 — 14.祝禱

會眾/親友 — 13.頌榮

新郎/新娘 — 12.答禮

司會(長老) — 11.謝詞

社青 — 10.祝歌

新郎/新娘　誓約
新郎/新娘　交換信物
牧師　宣告
祈禱
新郎/新娘　揭紗 — 9.證婚

婚禮禮拜程序

台灣基督教長老教會（濟南教會）婚禮禮拜程序

七、佛化婚禮儀式

「淨化人間始於佛化的家庭，建設佛化家庭始於舉行佛化的婚禮，而佛化的婚禮就是為了提升人的品質。」——法鼓山創辦人 聖嚴法師

佛化婚禮就是以佛教徒的立場來定位夫妻關係，並由出家師父為新人福證，強調婚姻本身是責任和義務的肯定與承擔，而不僅僅只是形式上的婚禮。莊嚴、簡約的佛化婚禮以「禮儀環保」的觀念為基調，基本上不發喜帖、不收紅包、不另設宴，僅在儀式過後以素食茶點或甜湯圓招待親友，響應禮儀環保的觀念。

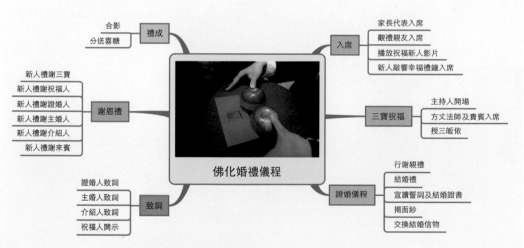

法鼓山佛化婚禮儀程（wedding.ddm.org.tw）

11

婚禮專案管理的執行、
控制與結案

❤ 11.1 婚禮專案管理的執行

　　婚禮專案管理的執行是依據規劃的結果切確執行規劃的架構及內容，婚禮專案的各項任務都要在這個過程中如期完成，完整實現，是整個婚禮專案過程中耗費最多時間、人力的步驟，必須全力協調和組織所有的人事物以實現婚禮專案管理的各項目標。

　　再完美的婚禮規劃若沒有確實執行亦是徒勞，所以「執行力」就是保障所規劃的內容可以在有效的指導與管理下，有效率的被落實。

　　婚禮專案管理師與團隊運用各種工具與技巧，依照婚禮規劃書的明確規定完成任務，雖然婚禮是屬於服務性質商品，完成的是一種無形的標的，但所有的專案執行都可包含下列四個部分：

1. 輸入：將前期規劃產出的元件投入執行，例如：婚禮籌備人員名單、婚禮流程圖等。

2. 工具與技術：就是軟體與硬體的設備投入，硬體的部分涵蓋宴客場地、音響設備、會場布置、服裝、音樂等，而軟體的部分則包括專業人員，如婚禮專案管理師、婚禮顧問、婚禮企劃、造型師、攝影師、花藝師等。

3. 控制條件與假設事項：在規劃內的預算與時程、品質的範圍內，一旦出現預期內或控制外的狀況時，能夠運用專業、知識與經驗及時予以處理。

4.輸出：執行順利通常可產出預期的標的，但假設執行過程中出現變更請求，則會有將專案管理計畫更新的需求，以婚禮專案而言，過程中如出現與預期不符的狀況，均需要有緊急替代方案立刻替補。

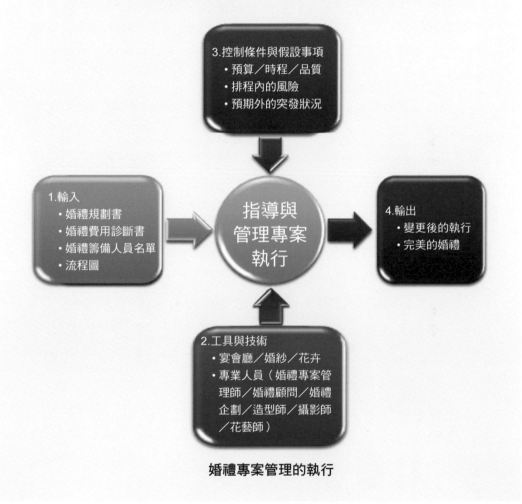

婚禮專案管理的執行

❤ 11.2 婚禮專案管理的控制

　　專案開始之後，監控專案的績效以確保專案依照計畫進行。在專案的實施過程中，除了依照需要變更，在執行過程中亦可能經過無數次的微調，因此需要透過專案管理的控制，才能在發生偏差時，進行有效的矯正。

　　因為婚禮的進行猶如一場現場Live直播的節目，更驚險刺激的是，「臨時演員」多，卻既不能喊「卡」亦不能廣告插播，因此任何在婚禮行進中的脫稿演出，均需不著痕跡地加以處理帶過，在流程規劃的同時就需考慮有可能會發生的狀況，隨時備有腹案，如遇不可抗拒之因素，也要有當機立斷的決策力，同時穩定的安撫並鎮定現場的情緒。

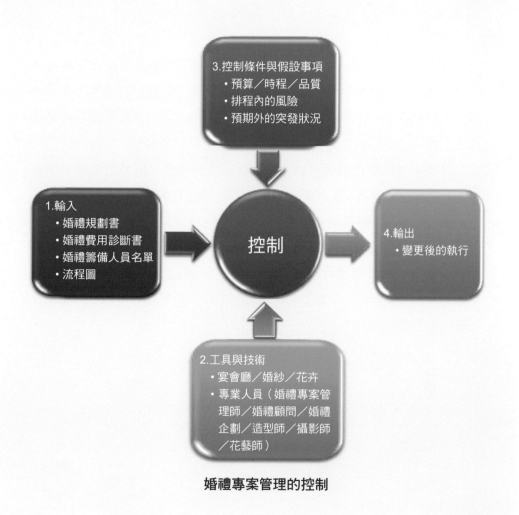

3.控制條件與假設事項
• 預算／時程／品質
• 排程內的風險
• 預期外的突發狀況

1.輸入
• 婚禮規劃書
• 婚禮費用診斷書
• 婚禮籌備人員名單
• 流程圖

控制

4.輸出
• 變更後的執行

2.工具與技術
• 宴會廳／婚紗／花卉
• 專業人員（婚禮專案管理師／婚禮顧問／婚禮企劃／造型師／攝影師／花藝師）

婚禮專案管理的控制

 11.3 婚禮專案管理的結案

　　多數人在結案時，多半是心中一塊石頭落下的放鬆。但是，結案應是另一個專案的開始，認真驗證當前專案的所有活動與執行成果，在結案時進行交付成果的審查與評估是極為重要的，除了透過專案學習到寶貴的經驗之外，延續與顧客之間的美好互動，讓感動持續發酵。

　　結束婚禮專案是整個婚禮流程的最後一個環節，對婚禮專案而言有圓滿結束的重要意義，客觀記錄整個過程的經驗分享與傳承，讓下一次的婚禮專案有更多的嘗試與經驗分享，同時也意味著接下來是否有機會獲得新人的介紹與青睞。

　　當婚禮專案準備提交最後的成果時，留給新人的不應只是過程的感動與回味，透過創意將能實質化的珍貴片刻予以記錄留存，是給新人反覆咀嚼與創造口碑的最佳利器。

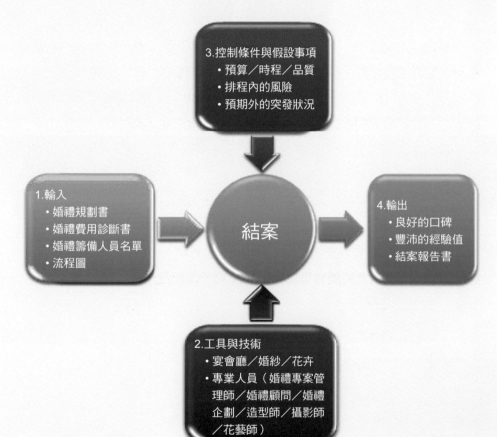

婚禮專案管理的結案

LOVE
you

附　錄

附錄一　新人基本資料

	新郎	新娘
姓名		
英文名稱／暱稱		
生日	年　　月　　日	年　　月　　日
主婚人姓名 （雙方家長）	父　　　　　母	父　　　　　母
連絡電話		
e-mail		
連絡地址		
畢業學校／科系		
職業		
興趣／喜好／ 專長		
宴會性質	□文定　□結婚　□歸寧　□補請	
宴會場所	□五星級飯店　□四&三星級飯店　□高級俱樂部 □頂級婚宴餐廳　□一般婚宴餐廳	
宴客比重	□親戚長輩　□父母朋友　□新人朋友　□其他	
總招待		連絡電話

附　錄

附錄二　Love Story

相識	相識日期		相識時間	
	相識地點			
相識故事				
對方的優點	新郎		新娘	
紀念日	告白日		告白地點	
告白故事				
求婚日	求婚日		求婚地點	
求婚故事				
交往中難忘的故事				
希望的婚宴氛圍	□浪漫　□溫馨　□簡約　□時尚　□甜蜜　□歡樂			
訂情物／紀念品				
喜愛的顏色				
婚禮主題				

<h2 style="text-align:center">附錄三　婚禮費用診斷書</h2>

花費項目	單價	數量	金額	指定品牌
基本需求				
聘金				
小聘				
大聘				
婚戒				
女戒				
男戒				
金飾				
六禮或十二禮				
喜餅				
喜帖				
婚紗照				
喜宴				
紅包				
特殊需求				
蜜月旅行				
婚禮攝影				
婚禮錄影				
新娘秘書				
婚禮小物				
婚禮主持人				
布置				
禮車				
婚禮MV／微電影				
婚禮樂隊				
婚禮顧問				
合計				

附　錄

附錄四　籌備人員名稱與配置

名稱		工作內容
迎娶	男／女儐相	協助新郎／新娘處理瑣事暨突發狀況、貴重／私人物品收納
	婚禮記錄	將婚禮過程及細節完整拍攝記錄，可分為靜態平面攝影與動態錄影
	行車調度	負責路線規劃、重要貴賓／雙方家長接送事宜
	司機	禮車駕駛
婚宴	婚禮顧問	婚禮企劃
	總召	熟悉婚禮全程，調配工作人員及控制現場狀況
	司儀（主持）	行禮時間／程序之安排與主持
	外（內）場招待	引導來賓入席並招呼，建議由熟識雙方親友，笑口常開的人擔任
	場控	會場布置／婚宴流程時間
	音控	音樂控制／影音播出
	新娘秘書	新人整體造型與換裝
	收禮人員	負責來賓簽名／禮金收受／保管／帳務處理，建議由至親，責任感強烈，數字概念清楚的人擔任
	擋酒人員	擅交際，酒量佳，能代新人解決婚宴上的糾纏

工作人員最遲應於7～10日前確認出席
婚禮當天須提早到達工作定位並熟稔流程
新人當天應準備紅包酬謝所有工作人員

附錄五　婚禮籌備人員名單

職稱	姓名	電話	工作內容	備註
計畫主持人				
新郎				
新娘				
證婚人				
媒人				
行車調度				
司機				
攝影師				
新娘秘書				
總召				
司儀				
男儐相				
女儐相				
招待（男方）				
招待（女方）				
收禮（男方）				
收禮（女方）				
餐廳連絡人				

附錄六　吉祥話

吃湯圓
冬瓜冰糖吃甜甜，要乎新娘生後生（雙生）。

喝茶禮
手捧甜茶講四句，新娘好命蔭丈夫，敬奉乾官有可取，田園建置千萬區。
新娘捧茶捧高高，將來兒子中狀元。
茶盤圓圓，甜茶甜甜；兩姓合婚，冬尾雙生。
冬瓜是菜，二人相愛；子孫昌旺，七子八婿。
新娘捧茶給阿公（嬤），祝阿公（嬤）身體健康、運氣靈通。
新娘叫（姨、姑）婆，祝您平安日日好。
茶杯圓圓，祝你富貴萬年。茶杯深深，祝你夫妻同心。
甜茶甜甜，新娘年尾生雙生。
這杯茶飲乎乾，乎你趕快做阿爸。
甜茶吃乎完，子孫中狀元。甜茶吃乎春，代代出好子孫。
新娘捧茶手春春，良時吉日來合婚，入門代代多富貴，日後百子與千孫。
新娘真美真好命，內家外家好名聲，吉日甜茶來相請，恭賀金銀滿大廳。
二姓來合婚，日日有錢春。予您大家官，雙手抱雙孫。
茶甌捧過去，給你有福氣。茶甌捧過來，給你大發財。

戴戒指
手指掛乎正，新娘才會得人疼。
耳環（手環）項鍊雙雙對對，新娘子婿萬年富貴。
手指金金金，翁某會同心，翁某若同心，烏土變黃金。
夫妻感情糖蜜甜，兩人牽手出頭天，闔家平安大賺錢，子孫富貴萬萬年。

蓋頭紗
頭紗蓋過來，添丁大發財。
頭紗遮頭前，子孫代代出才情。

拜轎
車門打乎開，金銀歸大堆。
新娘請下車，財寶福運帶一車。

進門
人未到，緣先到。
緣粉澎澎英，金銀財寶滿厝間。
緣粉撒高高，子孫中狀元。
緣粉撒門後，夫妻好到老。
緣粉撒入廳，金銀財寶滿大廳。
緣粉撒歸路，金銀財寶歸大路。
新娘牽入來，有丁甲有財。
新娘牽入來，添丁又發財。
新娘娶入厝，年年蓋大厝。

破瓦
踏瓦踏碎碎，夫妻萬年大富貴。

過火
新娘跨過火，代代存家火。

過門檻
新娘跨高高，生子生孫中狀元。
后定（門檻）跨乎過，新娘新郎吃到百二歲。

入廳
豆豆牽，豆豆走，新娘趕快做阿娘。
腳步走乎正，新娘得人疼。
新娘行入廳，金銀財寶滿大廳。
今年娶新婦，入門蔭丈夫，新年起新厝，珠寶歸身軀。
新娘娶到厝，家財年年富；今年娶媳婦，明年起大厝。

進房
新娘娶入房，夫妻恩愛一世人。
雙腳踏入房，生子生孫中狀元。
坐同心椅
夫妻同穿一條褲，兩人同甘也共苦。
掀頭紗
頭紗掀高高，夫妻恩愛兩双全。
頭紗掀乎高，生子生孫中狀元。
吃甜湯
吃四果，年年好。
吃乎甜甜，倘好生厚生。
吃乎完，生子中狀元。吃乎春，代代出好子孫。
圓仔圓圓，富貴萬萬年。圓仔甜甜，明年生後生（雙生）。
尪圓某圓，二人好緣來團圓。

參考書目

香港文匯報（2013）。香港結婚資料媒體生活易（ESDlife）《2013年全港結婚消費調查》，2013-10-30，http://paper.wenweipo.com/。

經濟部商業司（2008）。「消費與生活型態研究與訓練之策略計畫」。

經濟部商業司（2009）。結婚產業研究暨整合拓展計畫2010~2013。

管孟忠（2010）。《APMP專案管理師特訓教材》（第二版）。臥網資訊股份有限公司。

Nelson, M. R. & Otnes, C. C. (2005). Exploring cross-cultural ambivalence: a netnography of intercultural wedding message boards. *Journal of Business Research, 58*, 89-95.

Chung K. Kim, Dong Chul Han, Sung-Bae Park (2001), "The effect of brand personality and brand identification on brand loyalty: Applying the theory of social identification", *Japanese Psychological Research, 43*(4), 195-206.

Philip Kotler（1994）著；方世榮譯（2000），《行銷管理學》，台北：東華書局。

Richard A. Bernstein (2003). A Guide to Smart Growth and Cultural Resource Planning, *Wisconsin Historical Society*, p.81.

Robertson, R., 1995, "Glocalization: Time-Space and Homogeneity-Heterogeneity." in *Global Modernities*, Mike Featherstone, Scott Lash, and Roland Robertson, eds., pp. 23-44. London: Sage.

國家圖書館出版品預行編目（CIP）資料

婚禮專案管理 / 林君孺著. -- 初版. -- 新
北市：揚智文化, 2014.06
面； 公分

ISBN 978-986-298-148-1(平裝)

1.婚禮 2.專案管理

489.61 103010755

婚禮專案管理

作　　者／林君孺
出 版 者／揚智文化事業股份有限公司
發 行 人／葉忠賢
總 編 輯／閻富萍
特約執編／鄭美珠
地　　址／22204 新北市深坑區北深路三段 260 號 8 樓
電　　話／(02)8662-6826
傳　　真／(02)2664-7633
網　　址／http://www.ycrc.com.tw
 E-mail ／service@ycrc.com.tw
印　　刷／鼎易印刷事業股份有限公司
 I S B N ／978-986-298-148-1
初版一刷／2014 年 6 月
定　　價／新台幣 350 元